国家“十三五”重点规划图书

标准进万家系列

乳制品的质惠秘

中国质检出版社　组织编写

李江华　主编

中国质检出版社
中国标准出版社

北　京

图书在版编目（CIP）数据

乳制品的质惠秘诀 / 李江华主编 — 北京：中国
质检出版社，2017.3
（大质量　惠天下——全民质量教育图解版科普书系）
ISBN 978-7-5026-4211-2

Ⅰ. ①乳… Ⅱ. ①李… Ⅲ. ①乳制品－质量管理－问题解答
Ⅳ. ①TS252.7－44

中国版本图书馆CIP数据核字(2015)第197638号

乳制品的质惠秘诀

出版发行：中国质检出版社发行中心
地　址：北京市朝阳区和平里西街甲2号（100029）
　　　　北京市西城区三里河北街16号(100045)

电　话：总编室：（010）68533533　　发行中心：（010）51780238
　　　　读者服务部：（010）68523946
网　址：www.spc.net.cn
印　刷：中国标准出版社秦皇岛印刷厂印刷
开　本：880×1230　1/32

字　数：86千字　　印张：3.75
版　次：2017年3月第1版　　2017年3月第1次印刷
书　号：ISBN 978-7-5026-4211-2
定　价：20.00元

《乳制品的质惠秘诀》
编委会

主　　编：李江华

副 主 编：杨　玮　张蓓蓓

编写人员：史成超　徐　然

朱　蓉　阿　然

出版说明

质量，一个老百姓耳熟能详的字眼，一个经济社会发展须臾不可分离的关键要素。质量关系民生福祉，关系国家形象，关系可持续发展。

党的十八大以来，以习近平同志为核心的党中央高度重视质量问题，明确提出要把推动发展的立足点转到提高质量和效益上来，突出强调坚持以提高发展质量和效益为中心。习近平总书记针对质量问题发表了一系列重要论述，尤其是在阐述供 给侧结构性改革中，反复强调提高供给质量的极端重要性。李克强总理对质量也高度重视，强调质量发展是“强国之基、立 业之本、转型之要”。

为了宣传质量知识，使全社会积极参与到质量强国的建设事业中来，中国质检出版社(中国标准出版社)邀请相关政府机构、科研院所、科普工作者等合力打造了《大质量　惠天下——全民质量教育图解版科普书系》。本书系已列为国家“十三五”重点规划图书,成为提升全民科学文化素质的出版物的重要组成部分。本书系采用开放式的架构，以质量、安全为核心，结合环保、健康、安全等热点,内容涵盖“四大质量基础”(标准、计量、认证认可、检验检测)、“四大安全”(国门安全、食品安全、消费品安全、特种设备安全)，涉及“衣”“食”“住”“行”“游”“学”“用”等，集科学性、通俗性和趣味性为一体，采用平实生动的文字和新颖活泼的版面，使百姓在生活中认识质量、重视质量，掌握必要的质量知识和基本方法，增强运用质量知识处理实际问题的能力，并提升生活品质。

质量一头连着供给侧,一头连着消费侧。提升质量是供给侧结构性改革的发力点、突破口。我们希望通过本系列图书为大众普及质量知识尽绵薄之力，也期待质量知识的传播使企业发扬工匠精神，狠抓产品质量提升，让老百姓有更多的“质量获得感”，让全社会分享更多的“质量红利”！

中国质检出版社
中国标准出版社
2017年月2月

前言

乳是大自然赐予人类的天然食品，也是迄今为止最为理想的完全食品。例如牛乳中就含有100多种化学物质，除膳食纤维外，几乎含有人体所需要的全部营养物质，其营养价值之高是其他食品所不能比的。乳制品除含有丰富的营养物质外，还含有多种生物活性物质，具有增强人体的免疫机能、提高大脑的工作效率以及美容和抗衰老等作用，因此在发达国家乳制品已像粮食、蔬菜和水果一样，成为人们一日三餐不可缺少的食品，而我国目前乳制品的人均消费量与发达国家相比还有很大的差距。

乳制品的质量安全关系到广大消费者的身体健康和生命安全，广泛宣传乳制品质量安全科学知识、普及乳制品质量安全标准，能帮助消费者正确判断乳制品的质量优劣，指导消费者科学合理的选购与消费乳制品。近年来我国乳品行业进入了前所未有的高速发展期，乳制品的产销量不断提高，乳制品的产品种类越来越丰富，但同时乳制品的质量安全问题也突现出来，已成为消费者关注的焦点，尤其是在“三聚氰胺”事件发生后，消费者对乳制品质量安全的关注度大大提高。为了规范乳制品的生产经营，保障乳制品质量安全和消费者健康，根据《中华人民共和国食品安全法》《乳品质量安全监督管理条例》和《奶业整顿和振兴规划纲要》的规定，我国对乳制品的质量安全标准进行了整合、完善和修订，陆续颁布了一系列的乳制品国家标准，主要包括乳制品产品标准、生产规范标准和检验方法标准等几个方面，基本上解决了乳制品标准的矛盾、重复、交叉和指标设置不科学等问题，对规范市场、有效保护消费者的权益以及提高我国乳品行业的整体水平都具有重要意义，更与广大消费者的切身利益息息相关。

乳制品的质量安全标准一般具有格式和文字规范、专业技术性强以及语言表述明确且没有歧义等特点，因此很难被普罗大众所读懂和理解，为帮助普通消费者理解和掌握，并激发读者的阅读兴趣，指导百姓健康生活，本书围绕着乳制品的质量安全，以乳制品食品安全国家标准为基础，用丰富的图画和实例以图解文，通俗易懂地讲解了乳制品的质量安全、选购贮藏和营养保健等关系到广大消费者身体健康的热点问题。

由于编者的水平有限，书中的不妥和疏漏之处，敬请读者批评指正。

编者

2016年9月于北京

目 录

一、乳制品知多少

1. 乳制品有哪些种类?

乳是乳畜生产犊(羔)后由乳腺分泌的一种具有乳胶特性的生物学液体，其色泽呈白色或略带黄色，不透明，味微甜并具有特有的香味。

乳品的分类

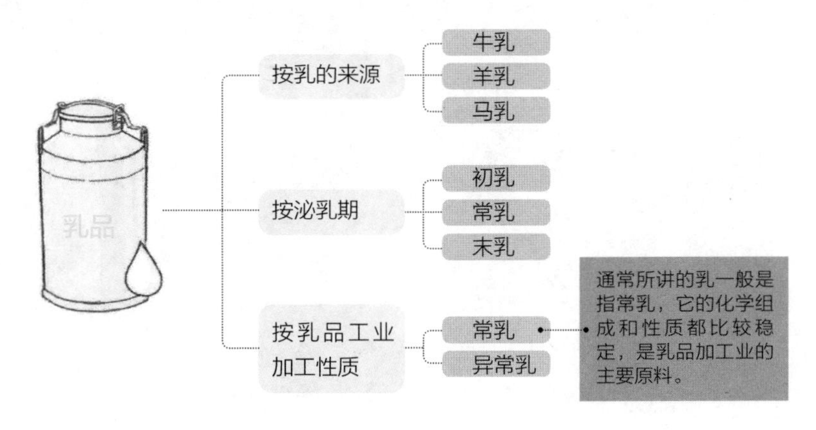

牛乳的基本组成

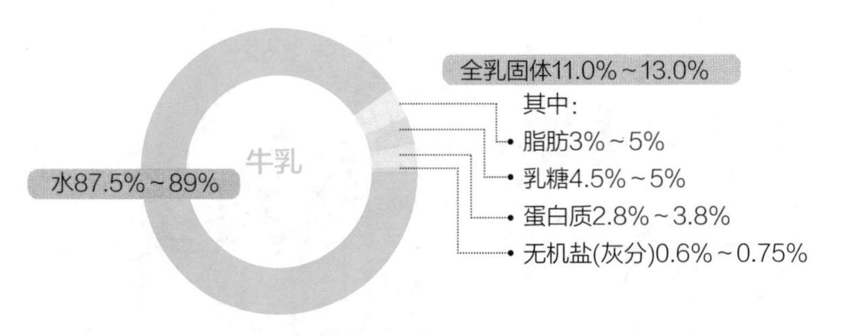

乳制品是指以乳为主要原料，经加热干燥、冷冻或发酵等工艺加工制成的各种食品。

中国乳制品工业协会组织制定的《乳制品企业生产技术管理规则》中将乳制品进行了分类，具体分为以下七个大类：

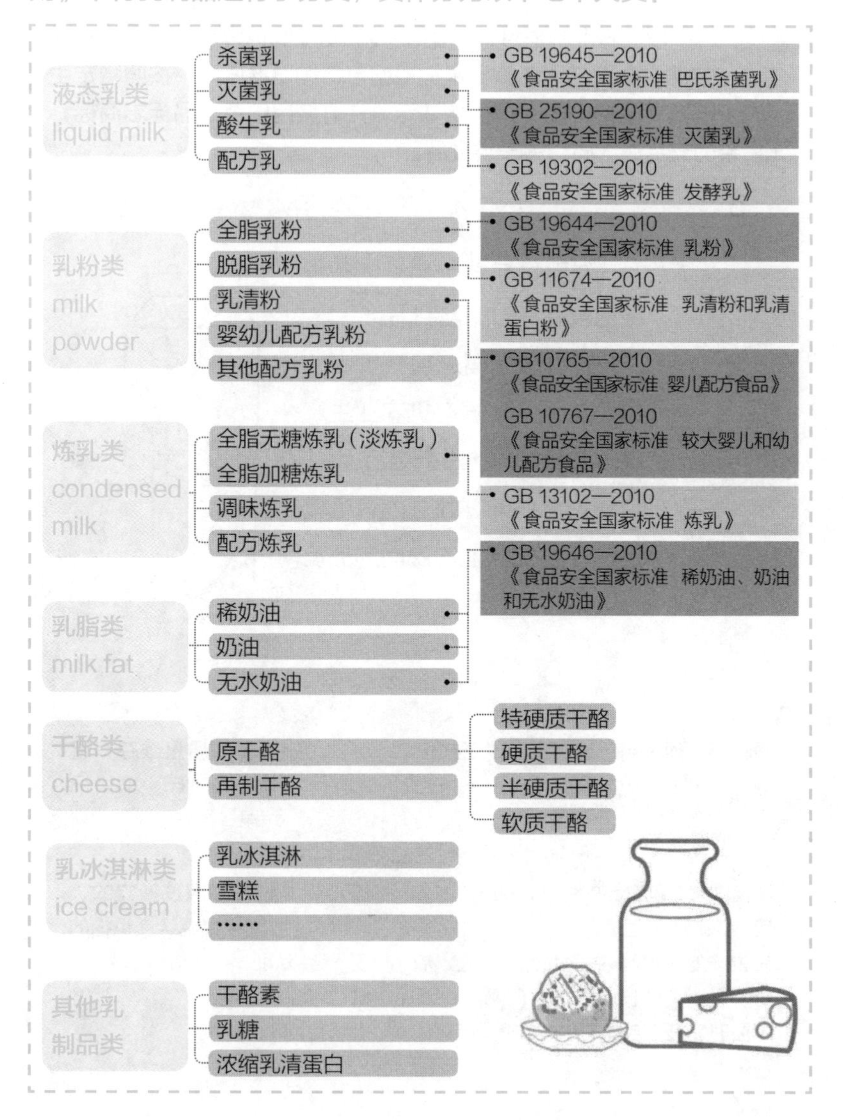

2. 什么是绿色食品乳制品和有机奶？

标准小贴士

农业行业标准NY/T 391—2000《绿色食品产地环境技术条件》中规定绿色食品是指遵循可持续发展原则，按照特定生产方式生产，经专门机构认定，许可使用绿色食品标志商标，无污染的安全、优质、营养类食品。

绿色食品乳制品是指获得绿色食品标志的乳制品。

有机食品指来自有机农业生产体系，根据有机农业生产要求和相应标准生产加工，并且通过合法的、独立的有机食品认证机构认证的农副产品及其加工品。

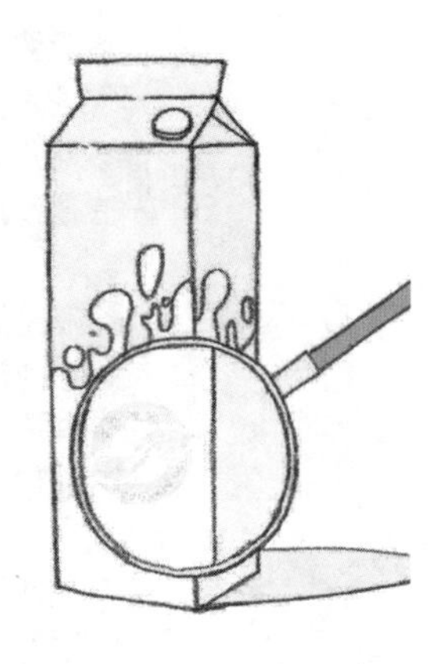

有机奶

- 原料奶必须来自已经建立的或正在建立的有机农业生产体系。
- 有完善的质量跟踪审查体系和生产、销售记录、档案。
- 严格遵照有机食品的生产、加工、包装、贮藏、运输标准；在生产的全过程中不能使用化肥、农药、激素、生长调节剂、催奶剂、食品添加剂等人工合成的化学物质。
- 必须通过独立的、国家权威认证机构的认证。

有机奶的特点

项目	有机奶
营养物质	1）有机奶的一些营养物质比普通牛奶高，如维生素E、维生素原A，抗氧化物质叶黄素与玉米黄素也高于普通牛奶三倍以上； 2）一些主要的营养物质（如维生素B_{12}、钙的含量），有机奶和普通牛奶没有显著的差异
奶牛的饲养方式	奶牛在天然牧场中放养、吃天然牧草长大的，所吃的牧草施的是天然肥料
牛奶生产过程	不使用化肥、农药、激素、生长调节剂、催奶剂、食品添加剂等物质
牛奶处理过程	在牛奶的后期加工中，也不加入防腐剂、抗生素等物质
特点	更天然的牛奶，最大限度保存牛奶的天然营养成分
污染物质的含量	低（备注:是否有污染只是一个相对的概念，绝对不含有任何污染物质的牛奶是不存在的）

3. 我国对乳制品的质量安全有哪些规定?

法律

为了保障我国消费者的食用安全，我国相继出台规范乳制品的法律（如下），这些法律规范了包括乳制品和婴幼儿食品在内的所有食品，是我国涉及食品安全管理的基本法律：

《中华人民共和国食品安全法》

《中华人民共和国农产品质量法》

《中华人民共和国产品质量法》

《中华人民共和国消费者权益保护法》等

法规、部门规章及其他规范性文件

专门规范乳制品和婴幼儿食品生产、销售各环节的法规、部门规章及其他规范性文件有：

原卫生部出台的：

《卫生部关于开展学生饮用奶及学生集体用餐监督检查工作的通知》

《关于乳与乳制品中三聚氰胺临时管理限量值规定的公告》

《卫生部关于2006年乳饮料抽检情况的通报》

《卫生部关于对婴幼儿食品中营养强化剂使用问题的批复》

《母乳代用品销售管理办法》等

国务院办公厅发布的：

《关于进一步加强液态奶生产经营管理的通知》等

国家质量监督检验检疫总局出台的：

《乳制品生产许可证审查细则》

《婴幼儿配方乳粉生产许可证审查细则》

《婴幼儿及其他配方谷粉产品生产许可证审查细则》

《关于发布企业生产婴幼儿配方乳粉许可条件审查细则（2010版）和企业生产乳制品许可条件审查细则（2010版）的公告》

《关于严格液态奶生产日期标注有关问题的公告》

《进出口乳品检验检疫监督管理办法》

国家质量监督检验检疫总局和农业部联合发布的：

《关于加强液态奶标识标注管理的通知》

国家标准化管理委员会出台的：

《关于复原乳标识标注有关问题的通知》等

标准

除法律法规外，国家卫生和计划生育委员会已发布多项乳制品安全国家标准，对部分乳制品标准进行了整合修订。目前我国现行的乳制品标准从不同的目的和角度出发，依据不同的准则，为适应生产和流通，进行如下分类：

乳制品标准

- 按属性分
  - 强制性标准
  - 推荐性标准
- 按层级分
  - 国家标准
  - 行业标准
  - 地方标准
  - 企业标准
- 按标准性质分
  - 技术标准
  - 管理标准
  - 工作标准
- 按标准内容分
  - 食品安全国家标准
    - 乳制品质量标准
    - 检测方法标准
    - 良好生产规范标准
    - 其他标准
  - 基础标准
  - 检测方法标准
  - 质量安全控制与管理技术标准
  - 其他标准

强制性标准

	主要内容	举例
重要乳制品质量标准	主要规定了乳制品的产品分类、技术要求（包括原料要求、感官要求、理化指标和卫生指标等）、检验方法、标志、包装、运输和贮存等内容，可有效地保护消费者的生命安全和健康，防止欺诈和保护消费者的利益	GB 19301—2010《食品安全国家标准 生乳》、GB 19302—2010《食品安全国家标准 发酵乳》
部分检测方法标准	主要规定了乳制品中脂肪、蛋白质等营养物质以及重金属、微生物和有毒有害物质等含量的检测方法	GB 4789.18—2010《食品安全国家标准 食品微生物学检验 乳与乳制品检验》、GB 5413.9—2010《食品安全国家标准 婴幼儿食品和乳品中维生素A、D、E的测定》等
标签标准	标签主要传递食品信息，而标签标准主要规定了乳制品标签中所必须标示的内容，可防止欺诈，保护消费者的利益，并指导或引导消费者选购	GB 7718—2011《食品安全国家标准 预包装食品标签通则》
质量安全控制与管理技术标准	主要规定了为满足和达到乳制品和婴幼儿食品生产、加工、贮存、运输、流通和消费中质量、安全、卫生要求的各种控制与管理技术规范、操作规程等	GB 12693—2010《食品安全国家标准 乳制品良好生产规范》、GB 23790—2010《食品安全国家标准 粉状婴幼儿配方食品良好生产规范》

推荐性标准

	主要内容	举例
部分检测方法标准	主要规定了乳制品和婴幼儿食品中三聚氰胺、抗菌素和药物等化学品残留限量的检测方法	GB/T 22388—2008《原料乳和乳制品中三聚氰胺检测方法》
贮藏容器标准	主要规定了乳制品和婴幼儿食品贮藏容器的有关技术条件	GB/T 10942—2001《散装乳冷藏罐》、GB/T 13879—1992《贮奶罐》
加工技术规范	主要规定了乳粉加工的基本条件、包装、标签、贮存、运输的等要求	NY/T 5298—2004《无公害食品乳粉加工技术规范》

4. “三鹿婴幼儿奶粉事件”之后我国出台了哪些重要法律法规来规范乳制品行业?

“三鹿婴幼儿奶粉事件”起因是很多食用三鹿集团生产的奶粉的婴儿被发现患有肾结石，随后在其奶粉中被发现化工原料三聚氰胺。事件引起各国的高度关注和对乳制品安全的担忧。国家质检总局公布对国内的乳制品厂家生产的婴幼儿奶粉的三聚氰胺检验报告后，事件迅速恶化，多个厂家的奶粉都检出三聚氰胺。该事件亦重创中国制造商品信誉，多个国家禁止了中国乳制品进口。2010年9月24日，国家质检总局表示，牛奶事件已得到控制，9月14日以后新生产的酸乳、巴氏杀菌乳、灭菌乳等主要品种的液态奶样本的三聚氰胺抽样检测中均未检出三聚氰胺。2011年中央电视台《每周质量报告》调查发现，仍有7成中国民众不敢买国产奶。

时间	法律法规出台
2008年10月	《乳品质量安全监督管理条例》
2008年11月	《奶业整顿和振兴规划纲要》
2009年2月28日	《中华人民共和国食品安全法》
2009年7月16日	工信部与发改委联合发布《乳制品工业产业政策(2009年修订)》，开始了自三聚氰胺事件以来的首次乳制品行业发展规范调整
2010年11月4日	国家质量监督检验总局发布了《企业生产乳制品许可条件审查细则2010版》，规定了生产乳制品的企业的行为，对确保乳产品的安全性具有重要意义
2015年4月24日	修订的《中华人民共和国食品安全法》经十二届全国人大常委会第十四次会议表决通过

5. 我国对乳制品中的三聚氰胺是如何管理的？

权威发布

2011年4月20日原卫生部等五部门联合发布公告，公告中指出，三聚氰胺不是食品原料，也不是食品添加剂，禁止人为添加到食品中。对在食品中人为添加三聚氰胺的，依法追究法律责任。公告还规定了我国食品中的三聚氰胺限量值。根据这一公告，我国婴儿配方食品中三聚氰胺的限量值为1mg/kg，其他食品中三聚氰胺的限量值为2.5mg/kg，高于上述限量的食品一律不得销售。2008年制定的关于乳与乳制品中三聚氰胺临时管理限量值规定同时废止。

添加了三聚氰胺的食品，使用常用的粗蛋白测定方法“凯氏定氮法”可测出较高的蛋白含量，但从感官上无法鉴别，而且其易于生产和购买，成本低。因此，三聚氰胺常被不法分子添加到食品和动物饲料中冒充蛋白质。2010年年底，我国原料乳中三聚氰胺快速检测体系建立。

三聚氰胺

作为化工原料，可用于塑料、涂料、粘合剂、食品包装材料的生产，毒性轻微，但长期摄入三聚氰胺会造成生殖、泌尿系统的损害，膀胱、肾部结石，并可进一步诱发膀胱癌。资料表明，三聚氰胺可能从环境、食品包装材料等途径进入到食品中，其含量很低。

GB
中华人民共和国国家标准
原料乳中三聚氰胺快速检测
液相色谱法

GB
中华人民共和国国家标准
原料乳与乳制品中三聚氰胺检测方法

6. 我国对乳制品中有毒有害物质的限量是如何规定的？

对乳制品中有毒有害物质，国家标准做出限量规定的主要有重金属元素、农药残留、黄曲霉毒素M_1、亚硝酸盐和致病菌。

乳制品中主要有毒有害物质的限量

物质	食品	限量	出处依据
黄曲霉毒素B_1/（μg/kg）	婴幼儿配方食品	0.5（以粉状计）	GB 2761—2011《食品安全国家标准 食品中真菌毒素限量》
黄曲霉毒素M_1/（μg/kg）	乳及乳制品	0.5	
铅(以Pb计)/（mg/kg）	生乳、巴氏杀菌乳、灭菌乳、发酵乳、调制乳	0.05	GB 2762—2012《食品安全国家标准 食品中污染物限量》
	乳粉、非脱盐乳清粉	0.5	
	其他乳制品	0.3	
总汞（以Hg计）/（mg/kg）	生乳、巴氏杀菌乳、灭菌乳、调制乳、发酵乳	0.01	
总砷/（mg/kg）	生乳、巴氏杀菌乳、灭菌乳、调制乳、发酵乳	0.1	
	乳粉	0.5	
铬/（mg/kg）	生乳、巴氏杀菌乳、灭菌乳、调制乳、发酵乳	0.3	
	乳粉	2.0	
亚硝酸盐（以$NaNO_2$计）/（mg/kg）	生乳	0.4	
	乳粉	2.0	
滴滴涕再残留限量/（mg/kg）	生乳	0.02	GB 2763—2014《食品安全国家标准 食品中农药最大残留限量》
六六六再残留限量/（mg/kg）	生乳	0.02	
林丹再残留限量/（mg/kg）	生乳	0.01	

7. 乳制品安全监管工作由谁来做?

为贯彻落实《中华人民共和国食品安全法》规定，切实加强对食品安全工作的领导，2010年2月6日决定设立国务院食品安全委员会，作为国务院食品安全工作的高层次议事协调机构，有15个部门参加。国务院食品安全委员会办公室设在国家食品药品监督管理总局。

具体乳制品安全监管工作主要由国家食品药品监督管理总局、农业部、国家质量监督检验检疫总局、国家工商行政管理总局等部门承担。

国家食品药品监督管理总局负责对生产、流通、消费环节的乳制品的安全性、有效性实施统一监督管理。负责起草乳制品安全监督管理的法律法规草案，建立乳制品安全隐患排查治理机制，推动建立落实乳制品安全企业主体责任、地方人民政府负总责的机制，负责建立乳制品安全信息统一公布制度，公布重大乳制品安全信息，负责乳制品安全事故应急体系建设，组织和指导乳制品安全事故应急处置和调查处理工作，负责开展乳制品安全宣传、教育培训、国际交流与合作，负责乳制品安全监督管理综合协调，推动健全协调联动机制。

农业部

农业部负责乳制品从养殖环节到进入批发、零售市场或生产加工企业前的质量安全监督管理，负责兽药、饲料、饲料添加和职责范围内的农药、肥料等其他农产投入品质量及使用的监督管理。

国家质量监督检验检疫总局负责乳制品包装材料、容器、乳制品卫生经营工具等乳制品相关产品生产加工的监督管理；负责进出口乳制品安全、质量监督检验和监督管理。

国家工商行政管理总局负责保健食品范畴的乳制品的广告活动的监督检查。

8. 发现乳制品质量安全问题消费者该怎么办?

现阶段我国食品安全仍属多部门监督管理，按照部门职责不同和机构改革进度不同，目前受理食品安全问题举报的部门主要有：食品药品监督管理部门、卫生行政部门、农业行政部门、食品安全委员会或当地人民政府。

生产领域产品质量问题，拨打 12365 投诉举报

“12365”是集举报投诉处理、咨询服务、信息传递等功能为一体的综合服务平台，是质检系统行政执法工作体系的重要组成部分。2010年，国家质检总局提出了各地检验检疫和质量监督两局全面加强12365举报处置指挥系统应用的新要求，之后将其应用于质量技术监督系统和出入境检验检疫系统作为热线服务电话。

流通领域产品质量问题，拨打 12315 投诉举报

国家工商行政管理总局在原信息产业部的大力支持下，在全国统一开通了12315消费者申诉举报专用电话。12315专用号码的启用，进一步畅通了消费者的诉求渠道，更加方便工商部门及时受理和处理消费者申诉举报，更好地保护消费者权益，严厉打击制售假冒伪劣商品的行为，及时有效地查处各类经济违法违章案件，为维护市场经济秩序公平、公正，促进经济健康发展，起到了积极、有效的作用。

拨打提示：如您需投诉或举报，请按工作人员的提示回答问题，如实说出投诉的对象名称、地址、违法事实、理由及投诉请求，并说出自己的姓名、地址、电话号码或其他联系方式和被申诉方的名称、地址、电话。

9. 乳制品中允许使用食品添加剂吗？

《中华人民共和国食品安全法》规定，食品添加剂是指为改善食品品质和色、香、味以及为防腐和加工工艺的需要而加入食品中的人工合成或者天然物质。营养强化剂、食品用香料、胶基糖果中基础剂物质、食品工业用加工助剂也包括在内。按照标准合理、适量使用食品添加剂给各国食品加工业带来了很大进步，但滥用、超量使用食品添加剂或将化工用品用于食品生产中，则会对人们的身体健康造成危害。

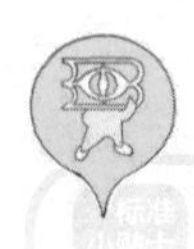

乳制品中允许使用的食品添加剂

根据GB 2760—2014《食品安全国家标准　食品添加剂使用标准》的规定，乳制品中允许使用的食品添加剂包括：

- 三聚磷酸钠等水分保持剂
- 丙二醇脂肪酸酯等乳化剂
- 乳酸链球菌素等防腐剂
- 红曲红等着色剂

不同品种的乳制品中允许使用的食品添加剂最大使用量也不同

食品名称	允许使用的添加剂	最大使用量
乳粉（包括加糖乳粉）和奶油粉及其调制产品	异构化乳糖液	15.0g/kg
乳及乳制品	乳酸链球菌素	0.5g/kg
风味发酵乳	三氯蔗糖	0.3g/kg
干酪	山梨酸及其钾盐	1.0g/kg

10. 怎么通过标签来选购乳制品?

要购买安全的乳制品，首先要学会识别标签。学会识别标签，购买才会放心。

标准小贴士

根据GB 7718—2011《食品安全国家标准　预包装食品标签通则》的相关规定，通过查看乳制品的食品标签可以获取以下信息：食品名称、配料表、净含量、产品种类、制造者的名称和地址、产品标准号、生产日期、保质期、贮藏指南。

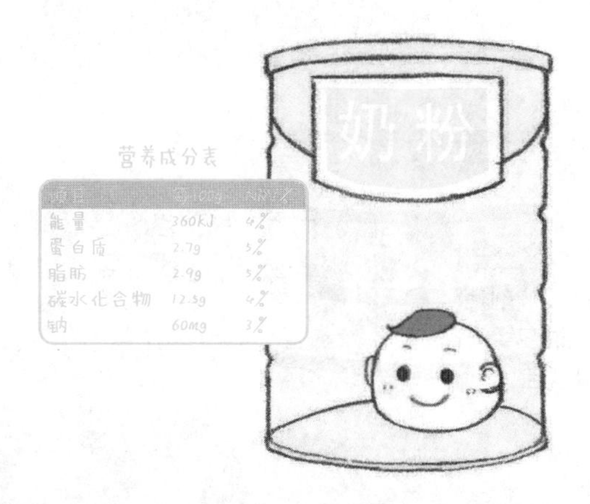

营养素参考值（nutrient reference values，NRV）

GB 28050—2011《食品安全国家标准　预包装食品营养标签通则》中将营养素参考值（NRV）定义为：专用于食品营养标签，用于比较食品营养成分含量的参考值。

营养素参考值（NRV）是消费者选择食品时的一种营养参照尺度，可指导正常成年人保持健康体重和正常活动的标准。营养标签中营养成分应当以每100克（毫升）和（或）每份食品中的含量数值标示，并同时标示所含营养成分占营养素参考值（NRV）的百分比。

识别安全的乳制品的步骤

步骤一：通过查看产品名称，可以正确选购你所需要的乳制品种类。例如，巴氏杀菌乳标签按GB 7718的规定均标注为“鲜牛（羊）奶”或“鲜牛（羊）乳”；灭菌乳的产品名称标注为“纯牛（羊）奶”或“纯牛（羊）乳”，若使用了乳粉进行生产，则在产品名称紧邻部分标注有“含××%复原乳”或“含××%复原奶”；发酵乳的产品名称通常标为“××酸牛奶”。

步骤二：通过查看生产日期，可以选购到新鲜的乳制品。

步骤三：通过查看营养成分表，可以选购到更符合自身需求的产品。通过对比不同乳制品的营养成分表，可以了解自己即将摄入多少能量及营养元素。

11. 乳制品包装上标注的日期是什么日期?

国家量监督检验检疫总局于2006年12月25日发布《关于严格液态奶生产日期标注有关问题的公告》（2006年第186号），公告规定，自2007年1月1日起，液态奶产品包装的显著位置必须清晰标明其生产日期和安全使用期或者失效日期，并特别指明，生产日期应当标注为该产品的灌装日期。

标准小贴士

GB 7718—2011《食品安全国家标准　预包装食品标签通则》也明确规定，预包装食品包装上应清晰地标示食品的生产日期和保质期，并定义生产日期（制造日期）为食品成为最终产品的日期，也包括包装或灌装日期，即将食品装入（灌入）包装物或容器中,形成最终销售单元的日期。

12. 乳糖不耐症的人应该如何喝奶?

乳糖是奶类中特有的糖，乳糖需经体内乳糖酶水解为葡萄糖和半乳糖才能被吸收。但由于遗传因素，有些人体内的小肠黏膜无法产生足够的乳糖酶 (即乳糖酶缺乏)，当饮用奶品后，乳糖未能被分解，便从小肠直接到大肠，在肠道细菌的作用下，乳糖被发酵、分解，产生大量气体和有机酸，刺激肠道收缩，肠道蠕动加强，导致腹胀、肠鸣、腹痛甚至腹泻，有些人还会有嗳气、恶心等。这种情况一般称为“乳糖不耐受”或“乳糖吸收不良”。牛奶是营养最全面、最容易被人体吸收的食品，而因乳糖不耐受而不喝牛奶实在太可惜。其实，完全可以换个法子喝牛奶。

（1）少量多次，渐渐适应。乳糖不耐受的发生往往与一次摄入乳糖量过多有关，不耐受的程度也存在明显的个体差异。可根据自己的实际情况，分多次少量进食牛奶，每次的量应限制在能够耐受的水平。待适应后可逐渐增加量，减少次数。

（2）混合膳食，延缓胃排空。避免空腹单独喝牛奶，最好是和固体食物及吸收较慢的食物(如面包、饼干等)同进，也可以在吃饭时喝半杯牛奶或将牛奶加入麦片粥中食用。

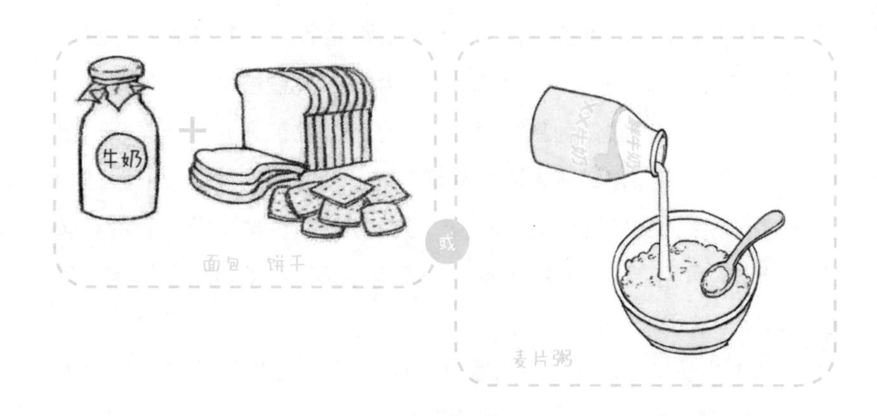

（3）用酸奶代替牛奶。乳糖不耐受者能更好地耐受酸奶。

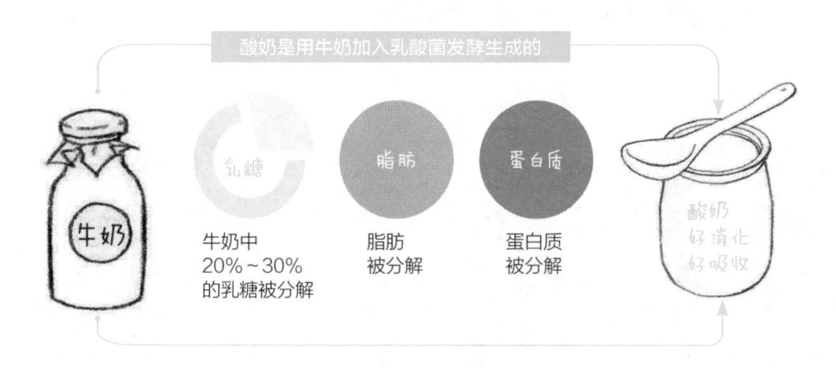

（4）饮用低乳糖或无乳糖牛奶。目前，我国市场上已有低乳糖牛奶销售。如：市面上的营养舒化奶，就是通过向牛乳中加入乳糖酶来水解乳糖后而制成的产品，可显著减轻不耐受症状。

13. “无糖”乳制品真的是不含糖吗？

由于消费者的需要，市场上推出的无糖食品越来越受到亲睐。“无蔗糖”酸奶、“无糖”月饼等食品充斥着我们的眼球。可是宣称“无糖”的食品真的就是不含糖吗？

按照国际通用的概念，无糖食品不能含有蔗糖和来自于淀粉水解物的糖，包括葡萄糖、麦芽糖、果糖等。

GB 13432—2013《食品安全国家标准 预包装特殊膳食用食品标签通则》规定，“无糖”的要求是指固体或液体食品中每100克或100毫升的含糖量不高于0.5克。

目前市面上号称的无糖食品有相当一部分并没有严格按照国家的规定。无糖食品的配料表中仅仅是不含蔗糖，却标有葡萄糖、麦芽糖等升血糖快的物质。另外，为了满足甜味的口感，厂商都会选择使用甜味剂来实现这种需求。常用的甜味剂有阿斯巴甜、安赛蜜和木糖醇。而甜味剂的食用是我们应当注意的，木糖醇食用过多可能会导致腹泻，阿斯巴甜则不适合苯丙酮尿症患者食用。

因此我们在选购无糖食品时应当谨慎。要看清配料表，不要盲目相信“无糖”的宣称，其次要看替代糖的甜味剂是哪一种，根据自己的实际情况判断是否能食用。总之，明智的消费者绝不应因为某种食品标记“无糖”，就放纵自己食用该产品。

甜味剂

14. 含乳饮料是否为乳制品？含乳饮料和乳制品营养价值有何不同？

市面上叫做“巧克力奶”“果奶”等的产品不全是调制乳；叫做“酸酸乳”“优酸乳”等的产品也不全是风味发酵乳，它们当中还有一部分是“含乳饮料”。

根据GB/T 21732—2008《含乳饮料》规定，含乳饮料是以乳或乳制品为原料，加入水及适量辅料经配制或发酵而成的饮料制品。

含乳饮料和乳制品蛋白质含量比较

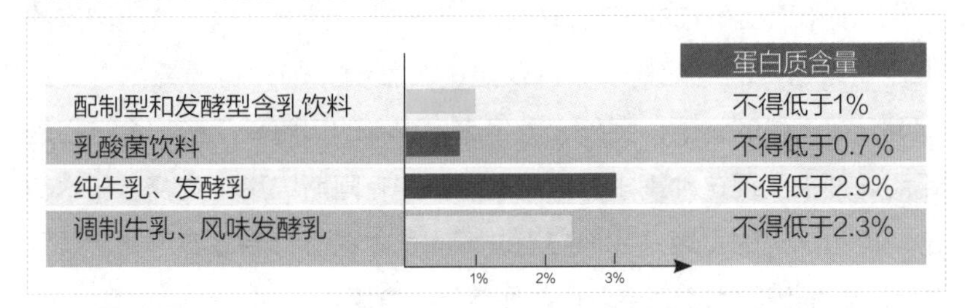

含乳饮料、乳制品配料表示例

含乳饮料配料表

配料：饮用水、生牛乳、白砂糖、全脂乳粉、乳清蛋白粉、果糖浆、浓缩苹果汁、钙（乳酸钙）、维生素A(醋酸维生素A)，维生素D（维生素D_3）、食品添加剂等

调制乳配料表

配料：生牛乳、乳矿物盐、维生素D（维生素D_3）、食品添加剂（单硬酸酯甘油脂、结冷胶、六偏磷酸钠）

根据相关国家标准的要求，产品配料表的各种成分要按加入量从高到低的顺序依此列出。可以看出，含乳饮料配料表中排名第一位的是“水”，而调制乳配料表第一位是“牛乳”。所以含乳饮料是以水为主要原料来生产，而牛乳或发酵乳等乳制品是以牛乳为主要原料来生产。

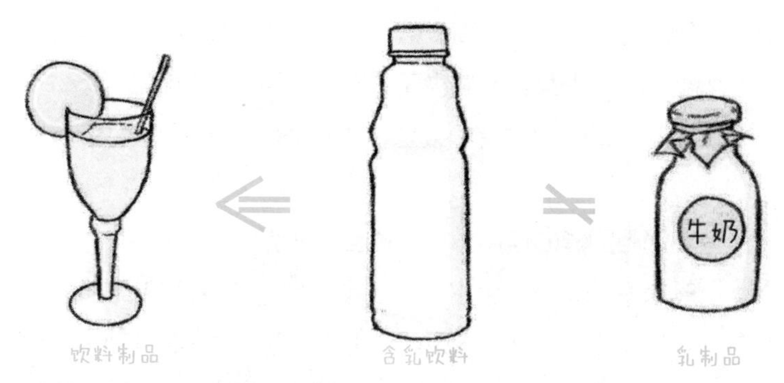

含乳饮料属于饮料制品，非乳制品。

含乳饮料的分类

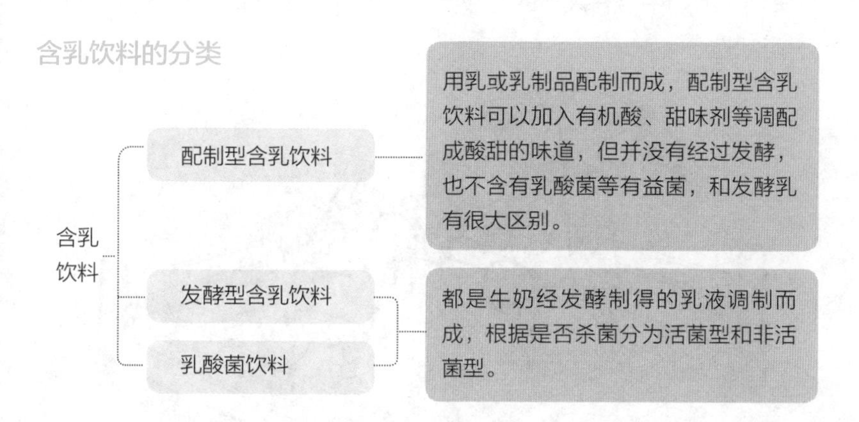

含乳饮料种类风味繁多，备受儿童的喜爱。但含乳饮料中蛋白质、脂肪等营养成分含量较低，可根据个人喜好购买，但不能替代乳制品。

15. 酸奶、牛奶和奶粉哪种更有营养价值?

酸奶不仅保留了牛奶的所有营养物质，而且具有以下优点:

（1）能将牛奶中的乳糖和蛋白质分解，使人体更易消化和吸收，适合"乳糖不耐受症"人群饮用;

（2）有促进胃液分泌、提高食欲、加强消化的功效;

（3）乳酸菌能减少某些致癌物质的产生，因而有防癌作用;

（4）能抑制肠道内腐败菌的繁殖，并减弱腐败菌在肠道内产生的毒素;

（5）有降低胆固醇的作用，特别适宜高血脂的人饮用;

（6）一般来说，无论是手术后，还是急性、慢性病愈后的病人，为了治疗疾病或防止感染都曾服用或注射了大量抗生素，使肠道菌群发生很大改变，甚至一些有益的肠道菌也统统被抑制或杀死，造成菌群失调。酸奶中含有大量的乳酸菌，每天喝0.25千克～0.5千克，可以

维持肠道正常菌群平衡，调节肠道有益菌群到正常水平。所以大病初愈者多喝酸奶，对身体恢复有着其他食物不能替代的作用。因此，对于久病初愈的人来说也是最需要的。

牛奶营养物质丰富，容易消化和吸收。但由于部分成人的消化液中缺乏乳糖酶，影响了对乳糖的消化、吸收和利用，造成这些人喝牛奶后胃部不适甚至腹泻，出现"乳糖不耐受症"。因此，相比而言，酸奶的营养价值更高。

奶粉是由鲜牛奶消毒后经浓缩、喷雾、干燥而成的。由于在加工过程中经受了较大程度的热处理，许多维生素和活性物质遭到破坏。

因此，三者相比，酸奶的营养价值最高，牛奶次之，奶粉最低。

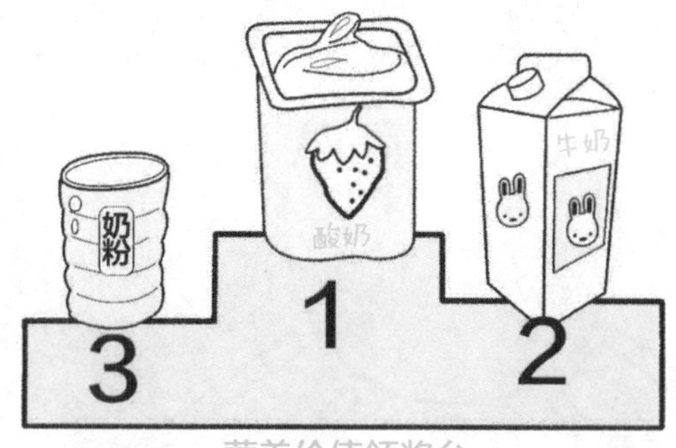

营养价值领奖台

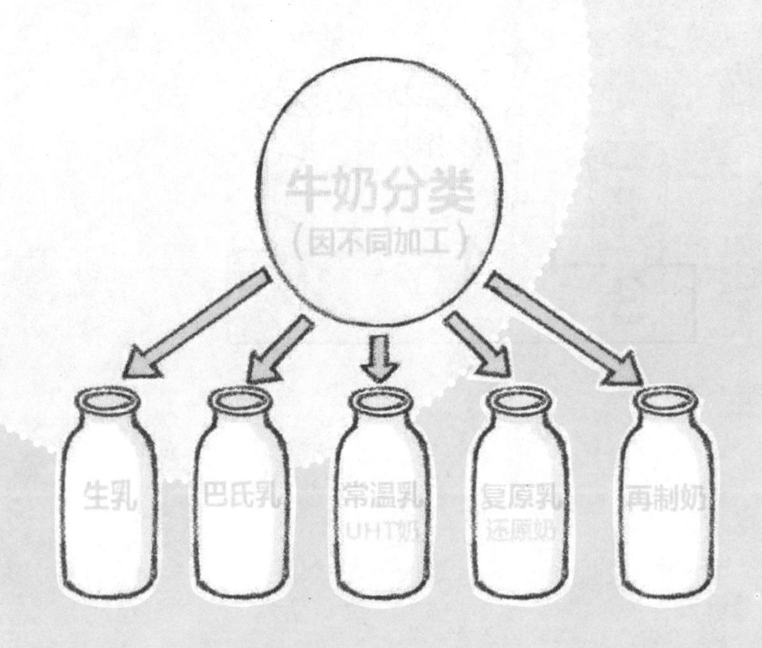
牛奶分类
（因不同加工）
生乳
巴氏乳
常温乳
UHT奶
复原乳
还原奶
再制奶

巴氏杀菌是利用低于100℃的热力杀灭微生物的消毒方法，由德国微生物学家巴斯德于1863年发明，至今国内外仍广泛应用于牛奶、人乳及婴儿合成食物的消毒。所以，将低于85℃的消毒法称作巴氏消毒法，可以说，这是新鲜牛奶最科学、最好的加工工艺。采用巴氏灭菌法生产的鲜奶，其营养价值和保健功能与新鲜原奶基本相同。

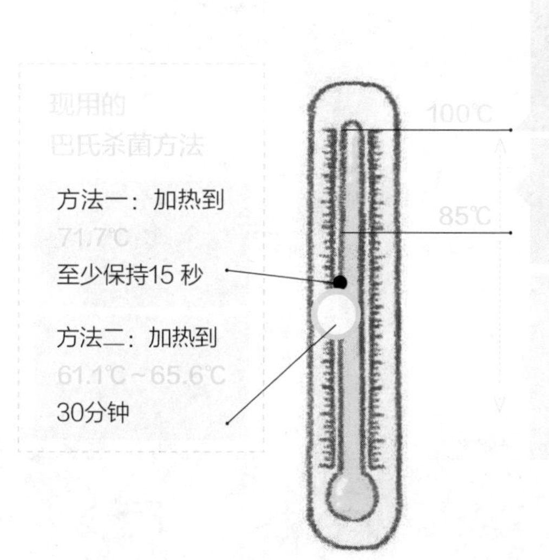

如果用100℃的消毒方法，则原奶中的生物活性物质将被破坏，而且原奶中的维生素、蛋白质等也有损失。

原奶加工时温度超过85℃，其营养物质和生物活性物质会被大量破坏。

低于85℃，原奶的营养物质和生物活性物质被保留，并且有害菌大部分被杀灭，有些有益菌却被存留。

GB 19645—2010《食品安全国家标准　巴氏杀菌乳》规定：巴氏杀菌乳是仅以牛（羊）乳为原料，经巴氏杀菌等工序制成的液体产品。巴氏杀菌乳包括全脂巴氏杀菌乳、部分脱脂巴氏杀菌乳和脱脂巴氏杀菌乳，三者的区别仅在于脂肪的含量的不同。

巴氏杀菌乳的各项理化指标

项目		指标
脂肪[a]/(g/100g)	≥	3.1
蛋白质/(g/100g)		
牛乳	≥	2.9
羊乳	≥	2.8
非脂乳固体/(g/100g)	≥	8.1
酸度/(°100g)		
牛乳		12~18
羊乳		6~13

[a]仅适用于全脂巴氏杀菌乳。

保质期/天

7
6
5
4
3
2
1
0

1天
1天
1天
4~7天

屋型复合纸包装产品采用的是无菌罐装形式，其保质期较其他三种包装形式的产品长

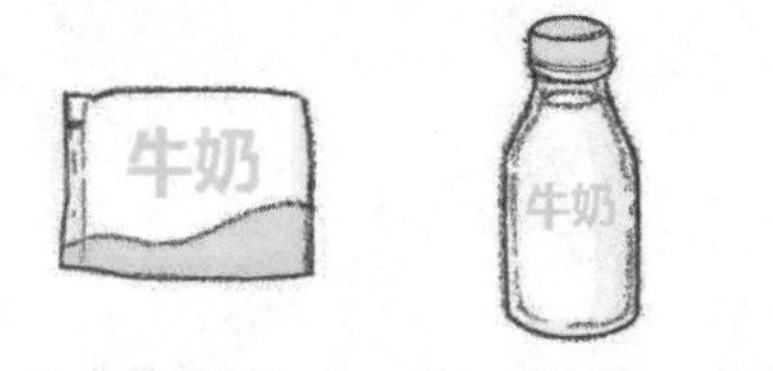

塑料袋装

玻璃瓶装

复合纸杯装

屋型复合纸包装

运输、贮存和销售温度均应控制在2℃~6℃。

巴氏杀菌乳标签应按GB 7718《食品安全国家标准 预包装食品标签通则》的规定标示，同时还应标明产品种类（全脂巴氏杀菌乳、部分脱脂巴氏杀菌乳和脱脂巴氏杀菌乳）和蛋白质、脂肪、非脂乳固体（或乳糖、或全脂固体）的含量。产品名称可以标为“鲜牛奶”。此外，GB 19645—2010《食品安全国家标准 巴氏杀菌乳》中还规定应在产品包装主要展示面上紧邻产品名称的位置，使用不小于产品名称字号且字体高度不小于主要展示面高度五分之一的汉字标注“鲜牛（羊）奶”或“鲜牛（羊）乳”。

巴氏杀菌乳标签示例：

食品名称：鲜牛奶（全脂巴氏杀菌乳）

营养成分表

项目	每100克	NRV//%
能量	255千焦	3%
蛋白质	3.0克	5%
脂肪	3.4克	6%
碳水化合物	4.6克	2%
钠	68毫克	3%

非脂乳固体≥8.1%
贮藏条件：2℃~6℃冷藏
保质期：7天
产品标准号：GB 19645
制造者名称：××××公司
地址：××市××区××大街××号
生产日期：××××年××月××日

注：NRV为营养素参考值。

17. 复原乳的质量要求有哪些？复原乳与鲜牛乳（奶）有什么不同？

复原乳（reconstituted milk）又称还原奶，是指把乳浓缩、干燥成为浓缩乳（炼乳）或乳粉，再添加适量水，制成与原乳中水、固体物比例相当的乳液。通俗地讲，复原乳就是用奶粉勾兑还原而成的牛奶。

复原乳加工方式主要有两种：

1.在鲜牛奶中掺入比例不等的奶粉

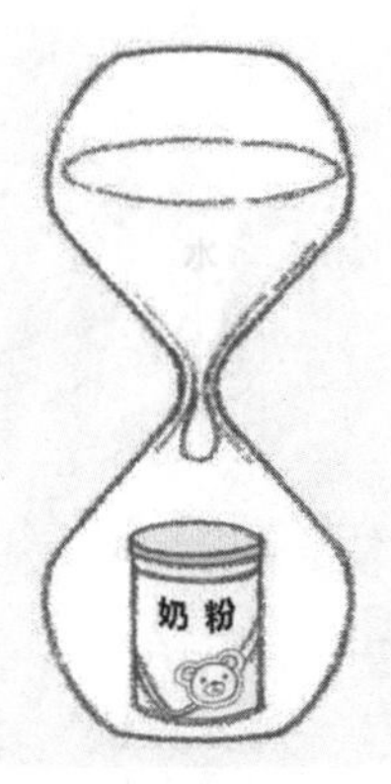

2.以奶粉为原料生产

项目	复原乳	生鲜牛奶
原料	奶粉	液态奶
营养成分	在经过两次超高温处理后，营养成分有所流失	营养成分基本保存

标准小贴士

GB 19302—2010《食品安全国家标准　发酵乳》和GB 25190—2010《食品安全国家标准　灭菌乳》中均允许用复原乳作原料生产酸牛乳和灭菌乳，而GB 19645—2010《食品安全国家标准　巴氏杀菌乳》中没有表明巴氏杀菌乳不能用复原乳作原料。

国务院办公厅颁发的《关于加强液态奶生产经营管理的通知》中规定：为了满足广大消费者对优质液态奶的需要，在巴氏杀菌乳生产中不允许添加复原乳，大力提倡和鼓励在灭菌乳生产中全部使用生鲜乳。考虑到当前的生产和市场状况，可以适当生产复原乳，但必须使用合格的原料，严格按照国家有关标准进行生产，不得掺杂使假。此外，还规定：为便于消费者作出购买选择，凡在灭菌乳、酸牛乳等产品生产加工过程中使用复原乳的，不论数量多少，自2005年10月15日起，生产企业必须在其产品包装主要展示面上紧邻产品名称的位置，使用不小于产品名称字号且字体高度不小于主要展示面高度五分之一的汉字醒目标注“复原乳”，并在产品配料表中如实标注复原乳所占原料比例。

18. 灭菌乳的质量要求有哪些？如何辨别灭菌乳？

GB 25190—2010《食品安全国家标准　灭菌乳》中规定，超高温灭菌乳是以生牛（羊）乳为原料，添加或不添加复原乳，在连续流动的状态下，加热到至少132℃并保持很短时间的灭菌，再经无菌灌装等工序制成的液体产品。保持灭菌乳是以生牛（羊）乳为原料，添加或不添加复原乳，无论是否经过预热处理，在灌装并密封之后经灭菌等工序制成的液体产品。

理化指标

项目		指标	检验方法
脂肪[a]/(g/100g)	≥	3.1	GB 5413.3
蛋白质/(g/100g)			
牛乳	≥	2.9	GB 5009.5
羊乳	≥	2.8	
非脂乳固体(g/100g)		8.1	GB 5413.39
酸度/（T）			
牛乳	≥	12~18	GB 5413.34
羊乳	≥	6~13	

[a] 仅适用于全脂灭菌乳。

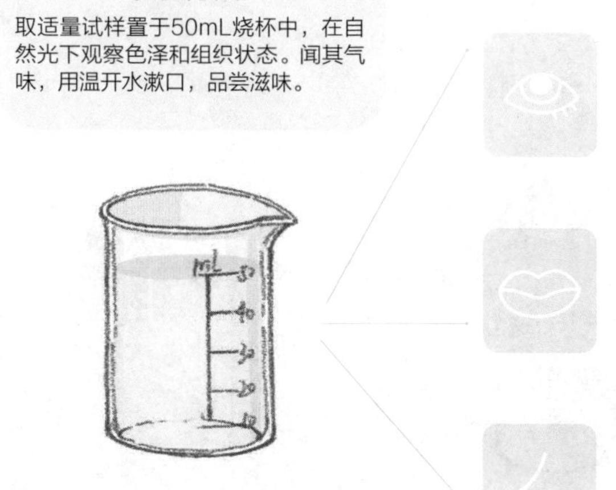

色泽
——呈乳白色或微黄色。
组织状态
——呈均匀一致液体，无凝块、无沉淀、无正常视力可见异物。

滋味
——具有乳固有的滋味，无异味。

气味
——具有乳固有的气味，无异味。

GB 25190—2010《食品安全国家标准 灭菌乳》中规定，灭菌乳产品标签应标注以下内容：

（1）仅以生牛（羊）乳为原料的超高温灭菌乳应在产品包装主要展示面上紧邻产品名称的位置，使用不小于产品名称字号且字体高度不小于主要展示面高度五分之一的汉字标注“纯牛（羊）奶”或“纯牛（羊）乳”。

(2)全部用乳粉生产的灭菌乳应在产品名称紧邻部位标明“复原乳”或“复原奶”；在生牛(羊)乳中添加部分乳粉生产的灭菌乳应在产品名称紧邻部分标明“含××%复原乳”或“含××%复原奶”。

（3）“复原乳”或“复原奶”与产品名称应标识在包装容器的同一主要展示版面；标识的“复原乳”或“复原奶”字样应醒目，其字号不小于产品名称的字号，字体高度不小于主要展示版面高度的五分之一。

19. 巴氏杀菌乳和灭菌乳有什么不同?

项目	巴氏杀菌乳	灭菌乳
原料	以生鲜牛乳为原料	以生鲜牛乳为原料，不添加辅料
杀菌方法	杀菌温度低于100℃，允许有部分细菌存在，只是不得含有致病菌	经温度高于100℃的超高温瞬时灭菌，必须达到商业无菌的要求
运输、贮存和销售温度	由于巴氏杀菌乳含有一定的细菌，酵母含量高，因此其运输、贮存和销售温度均应控制在2℃~6℃	常温保存
保质期	保质期短，一般只有几天	保质期长，一般可达3个月以上
包装上的标识名称	鲜牛奶/乳	纯牛奶/乳

因此消费者可以通过产品名称的不同来选购巴氏杀菌乳和灭菌乳。

20. 调制乳的质量要求有哪些？如何辨别调制乳？

标准小贴士

GB 25191—2010《食品安全国家标准　调制乳》中规定，调制乳是以不低于80%的生牛（羊）乳或复原乳为主要原料，添加其他原料或食品添加剂或营养强化剂，采用适当的杀菌或灭菌等工艺制成的液体产品。

调制乳的理化指标

项目		指标
脂肪[a]/(g/100g)	≥	2.5
蛋白质/(g/100g)	≥	2.3

[a]仅适用于全脂产品。

调制乳在奶源缺乏、乳品工业不发达的国家与地区使用较为广泛。在牛乳产量受季节影响的国家也经常使用。天然牛乳与调制乳的风味有些不同，原料乳在加工过程中必然会失去一些成分，通过添加其他原料或食品添加剂或营养强化剂可以起到补充营养、改善风味的作用。常见的调制乳有早餐奶、强化乳、果味乳和酸味牛乳等。

调制乳标签应按GB 7718的规定标示，同时还应标明产品种类和蛋白质、脂肪、非脂乳固体的含量。产品名称可以标为“调制奶”。GB 25191—2010《食品安全国家标准　调制乳》中规定，全部用乳粉生产的调制乳应在产品名称紧邻部位标明“复原乳”或“复原奶”；在生牛（羊）乳中添加部分乳粉生产的调制乳应在产品名称紧邻部位标明“含××%复原乳”或“含××%复原奶”。（注：“××%”是指所添加乳粉占调制乳中全乳固体的质量分数）

“复原乳”或“复原奶”与产品名称应标识在包装容器的同一主要展示版面；标识的“复原乳”或“复原奶”字样应醒目，其字号不小于产品名称的字号，字体高度不小于主要展示版面高度的五分之一。

调制乳标签示例：

食品名称：XX（某品牌）牛奶（调制乳）

净含量：125mL
配料：复原乳（80%）（水、全脂乳粉、炼乳）、水、白砂糖、食品添加剂（蔗糖脂肪酸酯、单硬脂酸甘油酯）、炼乳香精
产品类型：调制乳

营养成分表

项目	每100克	NRV/%
能量	310千焦	4%
蛋白质	2.3克	4%
脂肪	2.5克	4%
碳水化合物	10.0克	3%
钠	45毫克	2%

非脂乳固体≥6.5%
产品标准号：GB 25191
生产日期：见包装正面或封口处
保质期：9个月
贮存条件：常温保存，避免阳光直射

21. 牛奶中会残留抗生素吗？这些抗生素残留有什么危害？

抗生素作为动物药物被广泛应用，它们在防治动物疾病方面有十分显著的作用，但抗生素的不规范使用无疑会导致动物体内药物的滞留、蓄积，并以残留的方式进入人体内和生态系统，给人体健康和环境带来危害。

导致牛奶中抗生素残留的原因大致有以下四种：

（1）防治乳牛疾病使用的内服或外用抗生素在牛体内的残留

乳房炎是奶牛的常见病。在我国治疗此病的常规方法是采用抗生素直接注入患病乳牛乳房，从而造成抗生素在牛乳中残留。

（2）不按规定执行应有的休药期

不严格遵守休药期规定很容易造成抗生素残留超标，因此不少国家规定用抗生素治疗之后72小时~96 小时之内的乳不能食用。我国相关法规规定，在应用抗生素期间和停药后5天内的乳不能食用。

（3）不规范使用抗生素引起的残留

一些奶农为了保证原料乳的质量，防止细菌的大量繁殖和牛乳的酸败而人为添加抗生素，引起抗生素残留。

（4）使用违禁或淘汰抗生素造成的残留超标

兽药抗生素按使用的目标和方法，可分为治疗动物临床疾病的抗生素，以及用于预防和治疗亚临床疾病的抗生素，如β－内酰胺类（常见的有青霉素类和头孢霉素类等）、四环素类（常见的有四环素、金霉素、强力霉素等）。

残留在牛奶中的抗生素可能会导致下列危害：

发酵异常	牛乳中抗生素残留可导致牛乳的发酵不能正常完成或出现异常发酵。如发酵酸奶生产中，应用的发酵剂是乳酸菌类，它们对抗生素具有高度的敏感性，如果原料乳抗生素残留超标，食品发酵就不能正常完成。
产生过敏反应	经常饮用含低剂量抗生素的牛乳，会使人由于反复受到抗生素的刺激而致敏；已被致敏的人，当再次接触（用药或食用含有抗生素残留的食品）同种抗生素，将发生过敏反应。轻者引起皮肤过敏、瘙痒、寻麻疹，重者引起急性血管性水肿、休克，甚至死亡。
引起细菌耐药性	抗生素是奶牛场治疗乳房炎的常规药物，由于长期大量使用，使耐药菌株增加，一些奶牛乳房炎病例变得难以用常规方法治愈；人类长期食用含抗生素的牛奶，也可能导致机体的某些致病菌发生耐药性，甚至可能出现抗生素无法控制人体细菌感染的情况。
造成人体肠道内菌群失调	在正常情况下，人体肠道内的菌群在进化过程中与人体能相互适应，某些菌群能抑制其他菌群的过度繁殖，但若长期摄入抗生素，将使上述平衡紊乱，会因条件致病菌过度繁殖而致病。
其他生理毒害作用	链霉素可引起肾损害和听神经受损。氯霉素残留对人会造成致命的后果，引起再生障碍性贫血、粒状白细胞缺乏症、血小板减少症、肝损伤、视神经炎及幼儿灰色综合症等。

22. 牛奶应该怎么喝好?

牛奶可以充分提供人体所需要的多种营养成分，但是您真的会喝牛奶吗? 喝牛奶又有哪些误区呢?

误区1：牛奶越浓越好

有人认为，牛奶越浓，身体得到的营养就越多，这是不科学的。

所谓过浓牛奶，是指在牛奶中多加奶粉少加水，使牛奶的浓度超出正常的比例标准。也有人惟恐新鲜牛奶太淡，便在其中加奶粉。如果婴幼儿常吃过浓牛奶，会引起腹泻、便秘、食欲不振，甚至拒食，还会引起急性出血性小肠炎。这是因为婴幼儿脏器娇嫩，受不起过重的负担与压力。

误区2：加糖越多越好

不加糖的牛奶不好消化，是许多人的“共识”。加糖是为了增加碳水化合物所供给的热量，但必须定量，一般是每100毫升牛奶加5克~8克糖。

牛奶里加什么糖好呢？最好是蔗糖。蔗糖进入消化道被消化液分解后，变成葡萄糖被人体吸收。葡萄糖甜度低，用多了又容易超过规定范围。还有一个加糖时牛奶温度的问题。

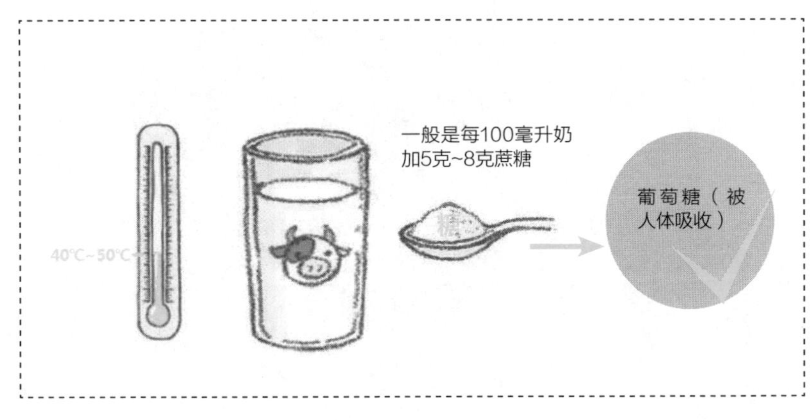

误区3：牛奶加巧克力

有人以为，既然牛奶属高蛋白食品，巧克力又是能源食品，二者同时吃一定大有益处。实则不然。

误区4：牛奶服药一举两得

有人认为，用有营养的东西送服药物肯定有好处，其实这是极端错误的。牛奶能够明显地影响人体对药物的吸收速度，使血液中药物的浓度较相同的时间内非牛奶服药者明显偏低。用牛奶服药还容易使药物表明形成覆盖膜，使牛奶中的钙与镁等矿物质离子与药物发生化学反应，生成非水溶性物质，这不仅降低了药效，还可能对身体造成危害。所以，在服药前后各1至2小时内最好不要喝牛奶。

误区5：用酸奶喂养婴儿

酸奶是一种有助于消化的健康饮料，有的家长常用酸奶喂食婴儿。然而，酸奶中的乳酸菌生成的抗生素，虽然能抑制很多病原菌的生长，但同时也破坏了对人体有益的正常菌群的生长条件，还会影响正常的消化功能，尤其是患胃肠炎的婴幼儿及早产儿，如果喂食他们酸奶，可能会引起呕吐和坏疽性肠炎。

误区6：在牛奶中添加橘汁或柠檬汁以增加风味

在牛奶中加点橘汁或柠檬汁，看上去是个好办法。但实际上牛奶中不宜添加果汁等酸性饮料。

误区7：牛奶必须煮沸

袋装牛奶最好不要加热饮用。市面上的大多数液态奶采用阻透性的聚合物，或是含铝箔的包装材料，其主要成分是聚乙烯，在温度达到115℃时会发生分解变化，而且不耐微波高温。这种包装的牛奶不能放在沸水中煮或放入微波炉中加热。

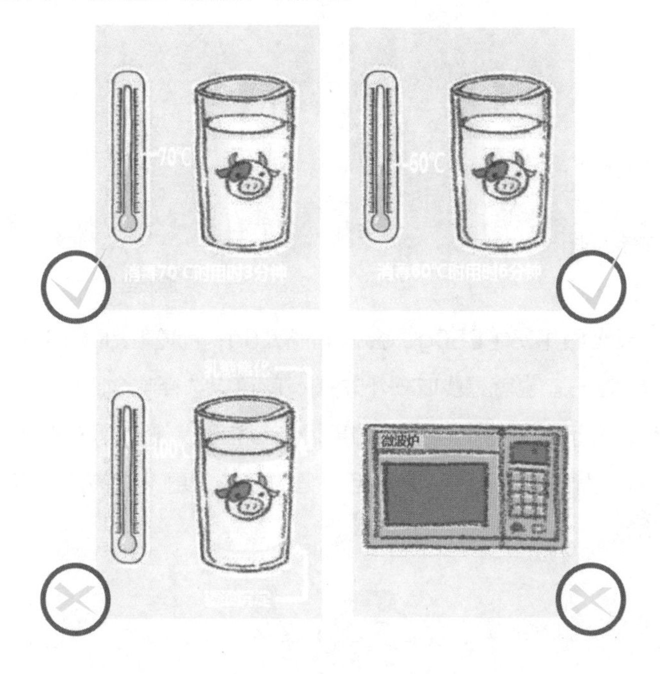

误区8：在牛奶中添加米汤、稀饭

有人认为，这样做可以使营养互补。其实这种做法很不科学。牛奶中含有维生素A，而米汤和稀饭主要以淀粉为主，它们中含有脂肪氧化酶，会破坏维生素A。孩子特别是婴幼儿，如果摄取维生素A不足，会使婴幼儿发育迟缓，体弱多病。所以，即便是为了补充营养，也要将两者分开食用。

23. 喝脱脂奶真的可以减肥吗?

如何减肥一直是爱美女士追逐的话题，因此脂肪含量的多少一直受到人们的关注。脱脂奶的出现似乎是迎合了这一需求。可是脱脂奶真的能达到减肥的功效吗?

乳制品根据脂肪含量分类及脂肪含量对比

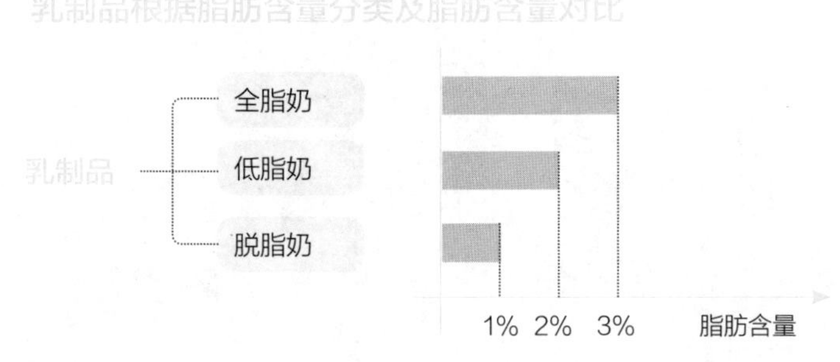

喝一杯全脂牛奶（250g）会得脂肪7.5g，而吃100g瘦肉得到的脂肪为20g左右。也就是少吃一小块肉，就可以选择喝全脂奶了。

因此，为了避免得不偿失，如果没有高血脂、肥胖等疾病，健康成人不宜通过选择脱脂产品来满足减肥的需求，更不应该迷信脱脂奶的减肥功效。

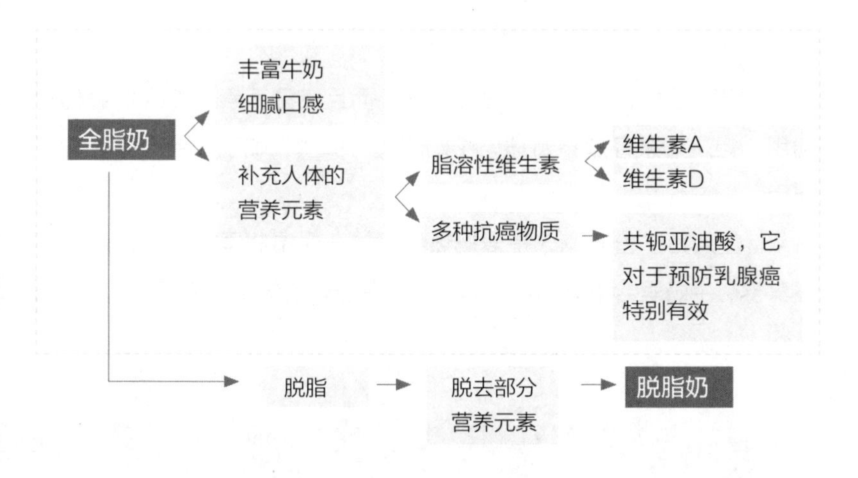

24.牛奶喝不完怎么保存?

牛奶经过超高温灭菌，微生物全部被杀死，达到商业无菌，在不存在内污染的情况下，可以存放较长时间。但是牛奶包装开启后，存放过程中外界微生物的侵入会引起产品变质。

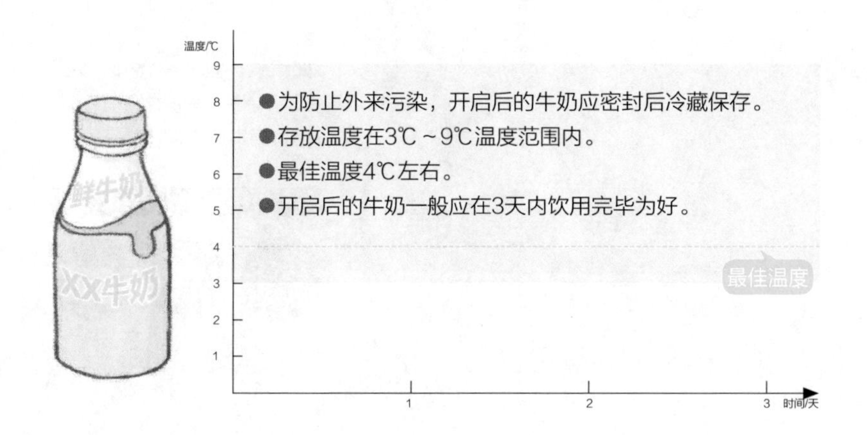

25. 为何不宜长时间用保温瓶装牛奶?

牛奶不但含有丰富的蛋白质与钙，而且其营养素易被人体消化和利用。但是如果存放不合适，牛奶变质坏掉了，喝了也会产生一些副作用。

有些人为了省事，总是爱把热牛奶放在保温瓶里，这种做法十分不科学。牛奶里含丰富的蛋白质，是细菌很好的天然培养基地。

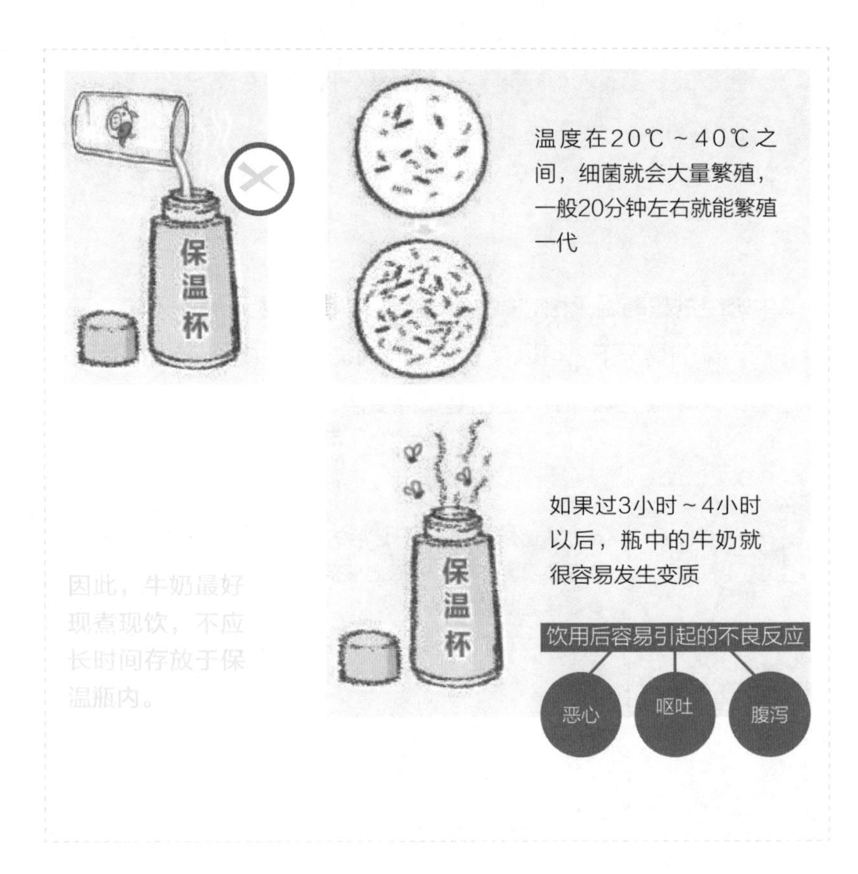

26. 牛奶是不是保质期越短越新鲜?

目前市场上的牛奶，大部分都属于杀菌乳，也就是我们常说的消毒奶。其实，杀菌时不管是低温还是高温，都会对牛奶的营养价值造成一定的影响，而真正的鲜奶应是没有经过加工的牛奶。加热对牛奶中营养影响最大的就是水溶性维生素和蛋白质。在加热过程中，大约有10%的B族维生素和25%的维生素C损失掉了，加热程度越深，这些营养损失得就越多。牛奶中有一种营养价值很高的乳清蛋白，在加热时也会造成一定的损失。因此，相对来说，采用低温杀菌的巴氏奶的营养价值要稍高一些。但是，巴氏杀菌乳和灭菌乳都不是真正意义上的鲜奶。（巴氏杀菌乳和灭菌乳的区别见第19题）

要想喝到营养保存更好的牛奶，在购买时有几点需要注意：

注意事项一

现买现喝，尽量买保质期短的牛奶，不要为了便于贮藏，认为保质期越长的牛奶越好。

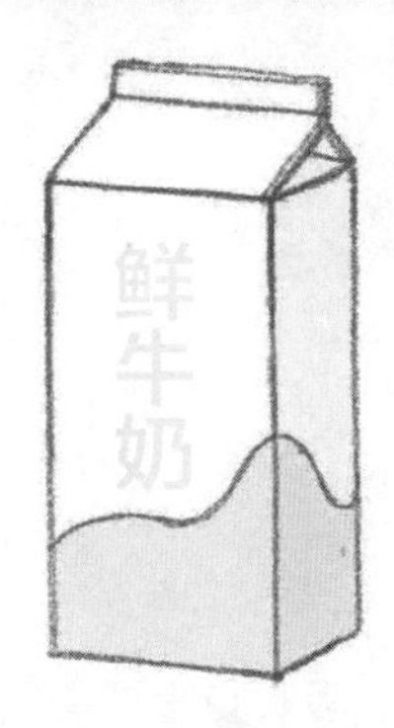

注意事项二

买屋顶型纸盒包装的牛奶，这种牛奶多采取低温巴氏杀菌，营养和味道比较好，而大部分瓶装牛奶是经过二次灭菌的，营养价值有所降低。

注意事项三

买回的牛奶最好直接饮用，不要再次加热，否则会造成营养进一步损失。打开包装的牛奶应一次喝完，放的时间越长营养损失越大。

27. 牛奶含钙量越高越好吗？怎样喝奶有利于钙的吸收？

牛奶是一种富含钙质并且吸收良好的普通食物，每100毫升牛奶中就含有钙质约100毫克。很多人认为钙补得越多越好，其实不然。正常饮用牛奶就可以保证人体对钙的需求了。

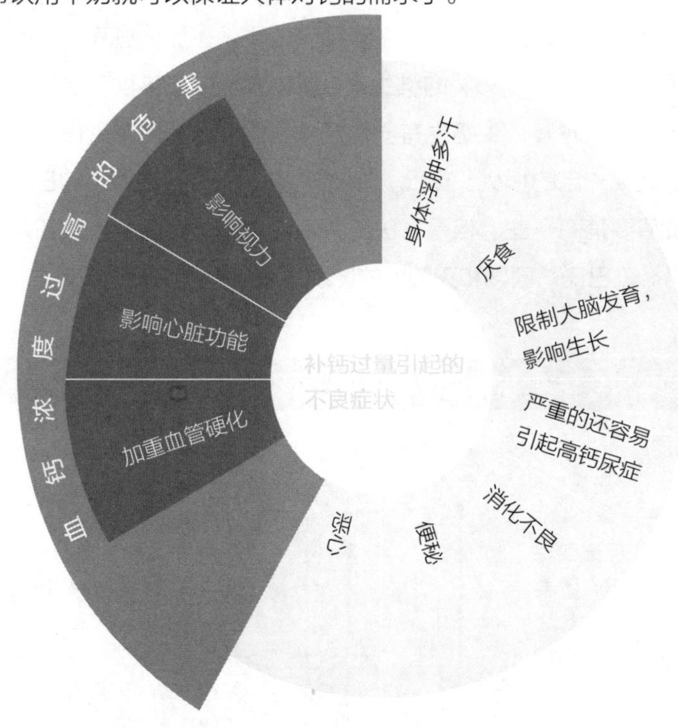

活性维生素D同样对钙的吸收有重要影响。活性维生素D可以促进肠道对钙、磷的吸收，提高血液中钙和磷的水平，有利于骨骼健康。如果缺乏维生素D，或者肝、肾无法顺利把维生素D转化为活性维生素D，食物中的钙就不能被有效吸收，吃再多的钙，也只能被白白排出体外，造成浪费。

牛奶中的钙为天然乳钙，容易被人体消化吸收。牛奶喝起来简单，但要达到真正补钙的目的还应注意以下几个问题：

不要空腹喝牛奶。因为空腹时牛奶在胃内停留的时间短，会影响牛奶的消化吸收，所以最好是边吃食物边饮用。

避免和有些含草酸较多的蔬菜同食。因为草酸会与钙结合形成不溶性的草酸钙，影响钙的吸收。富含草酸盐的食物包括豆类、甜菜、芹菜、巧克力、葡萄、青椒、香菜、菠菜、草莓及茶等。

每天**少量多次饮牛奶**比一次大量饮用的效果好，能使身体吸收更多的钙。

不要将钙剂与牛奶同时服用，否则可能造成补钙效果适得其反。且钙剂与牛奶混合后，可能导致牛奶中的酪蛋白受钙离子影响稳定性下降，形成絮状沉淀，影响牛奶的感官性状和口感。

28. 喝奶是否会上火、发胖?

牛奶味甘、性平，有补虚损、益肺胃、生津润燥、止渴之功效。牛奶含有多种免疫蛋白，牛奶中的蛋白质和脂肪极易被人体消化吸收，因而喝牛奶有强壮体质的功效，说喝牛奶“上火”是没有科学根据的。

牛奶中富含钙，摄入足够的钙有促进体脂肪分解的作用，研究表明喝牛奶有一定的减肥效果，尤其是喝低脂或脱脂牛奶。如果发胖，可能是因为过多摄入热量、缺乏运动等造成的，不应只怪罪于牛奶。

29. 牛奶的加工工艺是否影响牛奶的营养价值?

牛奶的加工工艺对牛奶的营养价值会造成一定影响，但影响的程度决定于工艺中的单元操作。

牛乳的主要加工工艺

在加工工艺中除杀菌工艺外，其他均不会对牛奶的营养成分造成破坏。目前，市场上的牛奶大部分都属于杀菌乳。

牛奶的杀菌技术

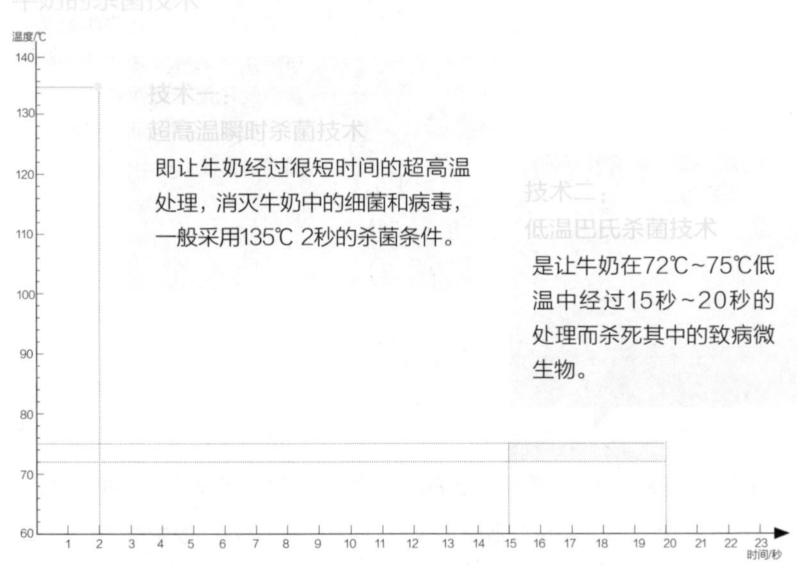

这两种技术均不会对牛奶的营养成分，特别是维生素造成很大的损害，如维生素A、B_2、D、尼克酸和生物素基本不会受到影响；而维生素B_1、B_{12}和维生素C会受到一定损失，但损失均在10%以下。

30. 豆浆和牛奶能否互相代替?

豆浆是一种营养价值极高的日常营养饮品，其营养价值可以和牛奶相媲美， 豆浆和牛奶营养的比较具体如下：

成分	豆浆	牛奶
蛋白质	鲜豆浆中蛋白质的含量高达2.56%，比牛奶还要高	牛奶、豆浆中的蛋白质都属于必需氨基酸齐全、良好的全价蛋白质，但牛奶蛋白属于动物蛋白，比豆浆中的植物蛋白消化和吸收得可能更好
维生素	豆浆中的维生素A、维生素B_1高于牛奶	
矿物质	豆浆中的钾、铁、钠都明显高于牛奶，豆浆中铁的含量是牛奶的25倍	牛奶是人体补钙的重要来源，而豆浆含钙相对低些。每100毫升牛奶含钙100毫克左右，而豆浆中的钙含量仅为牛奶的1/10。 另外，豆浆中的磷含量低于牛奶
能量	一定量的一般牛奶能量要比豆浆高	
糖	豆浆中的糖略低于牛奶	
胆固醇	不含胆固醇	含有胆固醇
乳糖	不含乳糖	含有乳糖

乳糖要在乳糖酶的作用下才能分解被人体吸收，但我国多数人缺乏乳糖酶，这也是很多人喝牛奶会腹泻的主要原因。

另外，豆浆中所含的丰富的不饱和脂肪酸、大豆皂苷、异黄酮、卵磷脂等几十种对人体有益的物质，具有降低人体胆固醇，防止高血压、冠心病、糖尿病等多种疾病的功效，还具有增强免疫、延缓肌体衰老的功能。

对老年人来说豆浆也是一种很好的营养食品，如果实在喝不惯牛奶，坚持喝豆浆对身体也很有好处。

对婴幼儿来说豆浆则不能完全代替牛奶，应该保证每天摄入一定量的乳制品。

豆浆对于肥胖宝宝比牛奶更有利健康，因为大豆血糖指数为15%，而牛奶为30%。

生长发育时期的宝宝对脂肪的需求量还是很大，不建议用豆浆代替牛奶给宝宝喝，最好牛奶、豆浆都喝。

总的来说，豆浆、牛奶都是营养价值较高的食物，每人应根据自己的年龄、健康状况，酌情选择食用。

31. 空腹时为何不宜饮用牛奶？如何合理饮用牛奶？

不宜空腹喝牛奶的主要原因

一是由于水在牛奶中占较大比例，空腹喝较多的牛奶，稀释了胃液，不利于食物的消化和吸收，容易导致腹泻；

二是空腹时肠蠕动很快，牛奶在胃肠通过很快，存留时间很短，其营养成分往往来不及吸收，就匆忙进入大肠，徒走过场，吸收的效率不高。

应尽量把牛奶放在一餐所有食物的最后再喝，这样有利于吸收和提高耐受性。

人们常喜欢早餐时喝一杯牛奶，这是个很好的饮食习惯。因为早餐的数量和质量都直接影响着全天的工作和学习效率。

其他时间如有条件，下午4点左右、晚饭前1小时～2小时也可喝点牛奶；也可以在晚上睡前喝牛奶，能有助睡眠，在喝的时候配上几片饼干为好。

三、酸爽清新易吸收

——酸奶质量安全知识

32. 发酵乳的质量要求有哪些？怎么辨别发酵乳？

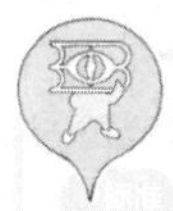

GB 19302—2010《食品安全国家标准 发酵乳》中规定，发酵乳有发酵乳和风味发酵乳两种产品。

发酵乳是以生牛（羊）乳或乳粉为原料，经杀菌、发酵后制成的pH降低的产品，发酵乳中的酸乳是以生牛（羊）乳或乳粉为原料，经杀菌、接种嗜热链球菌和保加利亚乳杆菌（德氏乳杆菌保加利亚亚种）发酵制成的产品。

风味发酵乳是以80%以上生牛（羊）乳或乳粉为原料，添加其他原料，经杀菌、发酵后pH降低，发酵前或后添加或不添加食品添加剂、营养强化剂、果蔬、谷物等制成的产品。风味发酵乳中的风味酸乳是以80%以上生牛（羊）乳或乳粉为原料，添加其他原料，经杀菌、接种嗜热链球菌和保加利亚乳杆菌（德氏乳杆菌保加利亚亚种），发酵前或后添加或不添加食品添加剂、营养强化剂、果蔬、谷物等制成的产品。

发酵乳和风味发酵乳的理化指标

项目		发酵乳	风味发酵乳
脂肪[a] /(g/100g)	≥	3.1	2.5
非脂乳固体/(g/100g)	≥	8.1	–
蛋白质/(g/100g)	≥	2.9	2.3
酸度/(°T)	≥	70.0	

[a] 仅适用于全脂产品。

保加利亚乳杆菌：是一种被冠以国名的细菌，属于乳杆菌属热乳酸杆菌亚属，是典型的来自乳的乳酸菌，能产生大量的乳酸，最适宜的生长温度为40℃左右。具有调节胃肠道健康、促进消化吸收、增加免疫功能、抗癌抗肿瘤等功能，是可用于保健食品的益生菌菌种，作为发酵剂在食品工业中被广泛应用在酸奶的生产中。

嗜热链球菌：广泛用于生产一些发酵乳制品，包括酸奶和奶酪。可改善肠道微环境；调节血压；产生超氧化物歧化酶(SOD)，清除体内代谢过程中产生的过量超氧阴离子自由基，延缓衰老；能产生β-半乳糖苷酶的细菌，帮助乳糖的消化；可大大缩短发酵酸奶的凝乳时间，有利于工业化生产；增加酸奶黏度,改善酸奶的品质。

和牛乳相比发酵乳更易消化和吸收，各种营养素的利用率得以提高。

牛乳	发酵乳
	20%左右的乳糖、蛋白质被分解成为小的分子（如半乳糖和乳酸、小的肽链和氨基酸等）
脂肪含量一般是3%～5%	脂肪酸可比原料乳增加两倍

目前市场上发酵乳制品以原味型、果味型和添加各种水果辅料的果粒型居多，近几年还出现了添加益生菌的益生菌酸乳。酸牛乳不但保留了牛奶的所有营养成分，而且还增加了许多保健功效，因此更加适合作为人类的日常营养保健食品。

发酵乳标签应按国家标准GB 7718的规定标示，同时还应标明产品种类（酸乳、风味酸乳）和蛋白质、脂肪、非脂乳固体的含量。产品名称可以标为“×××酸牛奶”。

风味发酵乳标签示例：

产品种类：××（某品牌）茯苓酸奶

配料：风味酸乳

配料表：生牛奶，白砂糖，嗜热链球菌，保加利亚乳杆菌，茯苓粉

营养成分表

项目	每100克	NRV/%
能量	390千焦	5%
蛋白质	3.0克	5%
脂肪	3.5克	6%
碳水化合物	12.3克	4%
钠	60毫克	3%

保质期：18天

贮藏方法：2℃～6℃

产品标准号：GB 19302

生产日期：见封口

制造者名称：××食品股份有限公司

地址：××市××区××大街××号

33. 益生菌（活性乳酸菌）是什么？益生菌对人体有什么好处？

酸奶制品越来越多地出现在市场中，厂商的广告策略也越发倾向于宣传含有双歧杆菌、嗜酸乳杆菌等微生物。这些微生物就是我们说的益生菌了，那么它们到底有什么作用呢？

益生菌是一类有助于我们改善肠道菌群平衡的微生物，如双歧杆菌、嗜酸乳杆菌都属于益生菌。它们对于我们的身体健康具有重要意义。

益生菌的作用

预防或改善腹泻

饮食习惯不良或服用抗生素均会打破肠道菌群平衡，从而导致腹泻。补充益生菌有助于平衡肠道菌群及恢复正常的肠道pH，缓解腹泻症状。

缓解不耐乳糖症状

乳杆菌可帮助人体分解乳糖，缓解腹泻、胀气等不适症状，可与牛奶同食。

增强人体免疫力

益生菌可以通过刺激肠道内的免疫机能，将过低或过高的免疫活性调节至正常状态。益生菌这种免疫调节的作用也被认为有助于抗癌与抑制过敏性疾病。

促进肠道消化系统健康

益生菌可以抑制有害菌在肠内的繁殖，减少毒素，促进肠道蠕动，从而提高肠道机能，改善排便状况。

益生菌保护着我们的肠道健康，但在选购和贮藏的时候应该注意保证菌种的活性。一般认为，益生菌数在每毫升100万个是具有功效的，而冷藏则有利于保证益生菌的活性。

34．老酸奶和普通酸奶有何区别？小孩能喝老酸奶吗？

近来，冠以各种名头的“老酸奶”奶制品悄然走俏，成为市民食品单上的“新宠”。老酸奶是青海地区的传统饮食，已有近千年的饮用历史。据介绍，普通酸奶是先发酵后灌装；而老酸奶属于凝固型，较传统的制法是必须以鲜奶为原料，将半成品分别灌装到预定包装里，密封后实施72小时 的冷藏发酵，制作时间长，保质期相对较短。

其实，“老酸奶”营养价值与普通酸奶并无区别。请仔细观察一下“老酸奶”的配料表：

与普通酸奶相比，“老酸奶”添加了食品添加剂明胶等。明胶是从动物身上提炼出来的，主要是蛋白质。明胶等添加剂本身没有什么营养性特质和功能，用在酸奶里，主要是为了使酸奶黏稠度增加、口感好。

如今市面上的大部分“老酸奶”产品，和过去传统制作的原料纯粹的老酸奶不一样，营养安全性没有优势，也没有保健作用。而且，因为其中普遍含有食品添加剂（明胶等），并不适合两岁以下儿童食用。

35. 酸奶中允许添加明胶吗?

2012年4月，“皮革老酸奶事件”一时闹得沸沸扬扬，消费者纷纷谈“明胶”色变，都担心自己扔的皮鞋转眼又通过各种途径吃回到自己肚子里。

2012年4月央视记者微博爆料：“来自调查记者短信：不要吃老酸奶（固体形态）和果冻，内幕很可怕”。有媒体人微博对此称：“不用这么神秘兮兮啦。所谓老酸奶，就是更加浓稠，其实是大量添加工业明胶。工业明胶，就是用垃圾里面回收的破烂皮革之类做出来的。果冻更是如此。这本该是常识。”

针对媒体报道的“皮革奶”问题，国家质检总局新闻发言人明确表示，国家质检总局要求各地质监部门结合日常监管和食品风险监测工作，加大执法检查力度，注意搜集有关线索，一旦发现企业有违法生产加工“皮革奶”行为，一律严厉打击，严加惩处。国家质检总局欢迎社会各界拨打12365投诉举报热线提供线索，或向当地质监部门直接举报。

然而细心的消费者会发现，在超市销售的酸奶中通常都会添加明胶，如果明胶不能食用，那么这个明胶为何会堂而皇之的出现在食品中呢？其实这是“食用明胶”与“工业明胶”的区别。

GB 2760—2014《食品安全国家标准　食品添加剂使用标准》中规定，食用明胶可作为增稠剂“在各类食品中按生产需要适量使用”。

食用明胶是指胶原蛋白煮后的产物，从动物鲜皮、骨料内提胶，经过蒸发、干燥而混合形成成品。日常生活中的果冻、酸奶、冰淇淋、糖果类、火腿肠、酱牛肉等食品都含有食用明胶。

影响到人们健康的明胶是指从皮鞋中提取的“工业明胶”，据悉工业明胶中含有大量的铬、铅等重金属。食用明胶是安全的，但工业明胶和食用明胶在外观上没法辨认，如何避免风险，专家给出四点建议：

（1）最好买大品牌中的中高档产品，少买皮冻、肉冻、水晶肠、灌汤包等食品；

（2）买酸奶不要追求浓稠或成冻；

（3）少吃各种软糖、雪糕、冰淇淋等产品；

（4）购买价格超过同类产品平均值的产品。

36. 应如何选购市面上含"菌"酸奶?

传统酸奶和益生菌酸奶是目前市场上常见的两种酸奶制品。

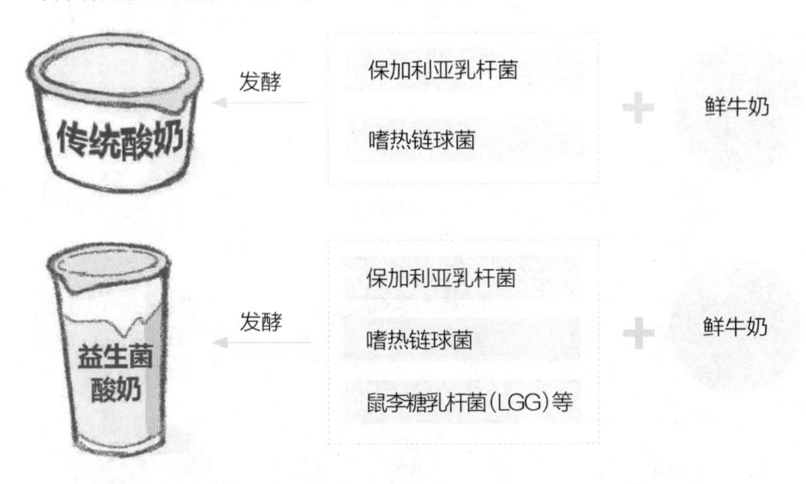

消费者在选择时要注意:

(1)要选择企业实力强的大品牌。因为，这些企业信誉度高，拥有先进的技术和设备，从而能够为消费者提供更加健康的产品。

（2）益生菌的种类和含量也不容忽视。消费者在选择酸奶产品的时候，一定要注意到益生菌酸奶的相关品性。

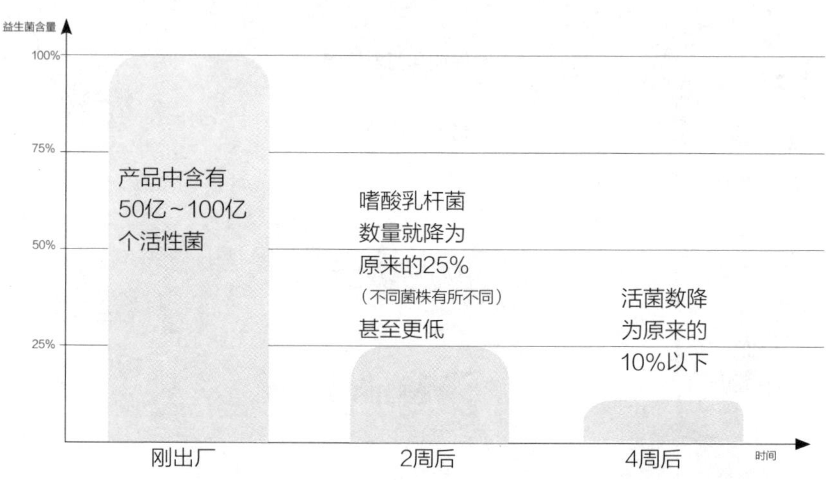

一般来说，提到乳酸菌发酵酸奶，乳酸菌可以是活性的，也可以是非活性的；而益生菌酸奶的最大特点就在一个“活”字上。益生菌酸奶从生产、制作到销售等过程中必须保持冷链保存，并且在保质期内要保持一定的活菌数，才称得上保证质量，才能更好地增进人体健康。目前我国还没有益生菌活性酸奶的标准，对益生菌产品的保质期和贮存条件也未做明确规定。

所以，消费者在选购益生菌酸奶时一定要关注生产日期。

37. 从冰箱拿出的酸奶能加热喝吗？酸奶应该如何贮存？

酸奶是由新鲜牛奶中加入活性乳酸菌经过发酵而制成的。它保持着鲜牛奶丰富的蛋白质、脂肪和钙等一些营养素。酸奶中的蛋白质由于乳酸菌的作用，变成微细的凝乳，从而会更容易被消化吸收。酸奶经过煮或蒸后，它的物理性质就会发生变化，其特有的风味也将消失，营养价值也会随之下降了，起特殊作用的乳酸菌也会被全部杀死。所以不宜食用加热后的酸牛奶。

另外，由于酸奶的功能性成分为活性乳酸菌，因此酸奶最好能在在4℃下冷藏，在保存中酸度会不断提高而使酸奶变得更酸，如果保存条件好，酸奶不会变坏，否则会使酸奶生长酵母或芽孢杆菌而使其变质，这样的酸奶不能食用。夏天热时购买酸奶一定要看酸奶销售商有没有冰柜保存，否则很难保证酸奶的质量。

38. 食用酸奶有何禁忌?

酸奶不能加热喝

答案见第37题。

酸奶不要空腹喝

当你饥肠辘辘时，最好别拿酸奶充饥，因为空腹时胃内的酸度大（pH2），乳酸菌易被胃酸杀死，保健作用减弱。饭后两小时左右，胃液被稀释，胃内的酸碱度（pH上升到3~5）最适合于乳酸菌生长（适宜乳酸菌生长的pH为5.4以上）。因此，这个时候是喝酸奶的最佳时间。

酸奶不宜与抗菌素同服

氯霉素、红霉素等抗生素及磺胺类药物可杀死或破坏酸奶中的乳酸菌，使之失去保健作用。不过，这并不影响酸奶中营养物质的含量以及消化吸收。

食用酸奶后宜及时漱口

随着酸奶和乳酸系列饮料的不断开发，儿童龋齿率也在增加，这与乳酸对牙齿的腐蚀作用有关。所以，喝完酸奶后要及时漱口，或者最好使用吸管，可以减少乳酸接触牙齿的机会。

四、便携易贮配方多

——奶粉质量安全知识

39. 奶粉的质量要求有哪些？奶粉有哪些种类？

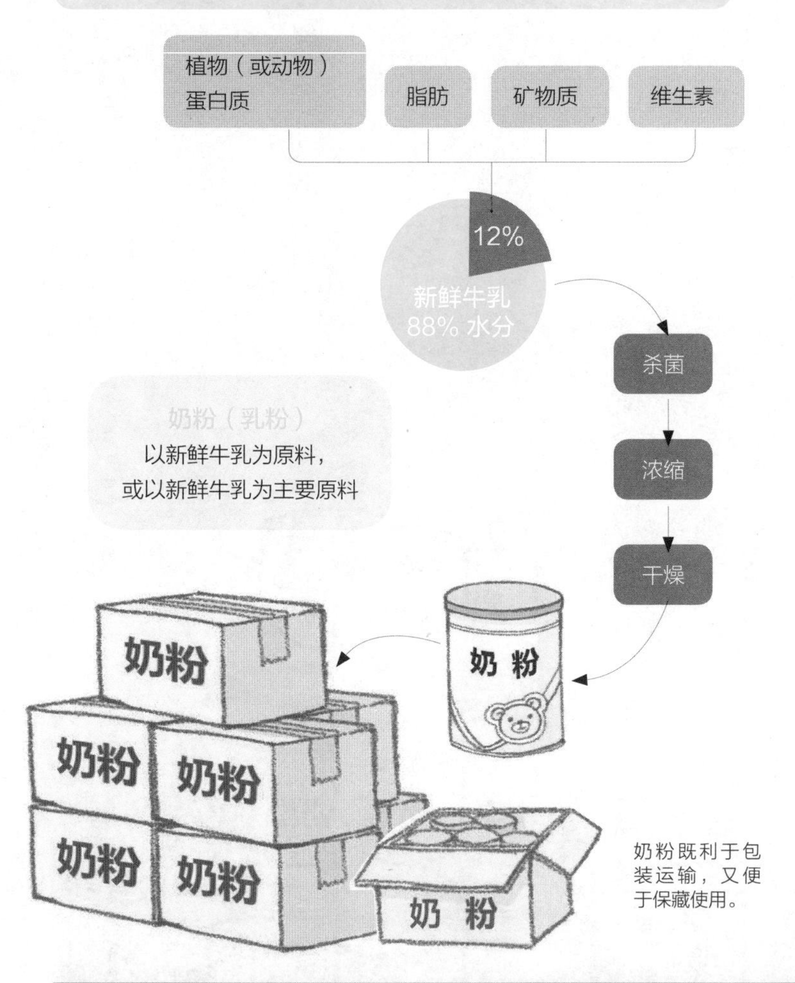

生产奶粉的目的在于保留牛乳营养成分的同时，除去乳中大量水分，使牛乳由含水88%左右的液体状态转变为含水2%～5%的粉末状态，从而缩小鲜牛乳体积，既利于包装运输，又便于保藏使用。

GB 19644—2010《食品安全国家标准 乳粉》中对乳粉和调制乳粉的定义如下：乳粉是以生牛（羊）乳为原料，经加工制成的粉状产品；调制乳粉是以生牛（羊）乳或及其加工制品为主要原料，添加其他原料，添加或不添加食品添加剂和营养强化剂，经加工制成的乳固体含量不低于70%的粉状产品。

乳粉和调制乳粉的理化指标

项目		乳粉	调制乳粉
蛋白质/%	≥	非脂乳固体[a]的34%	16.5
脂肪[b]/%	≥	26.0	–
复原乳酸度/(°T)			
牛乳	≤	18	–
羊乳	≤	7～14	–
杂质度/(mg/kg)	≤	16	–
水分/%	≤	5.0	

[a]非脂乳固体(%)＝100（%）－脂肪(%)－水分(%)。
[b]仅适用于全脂产品。

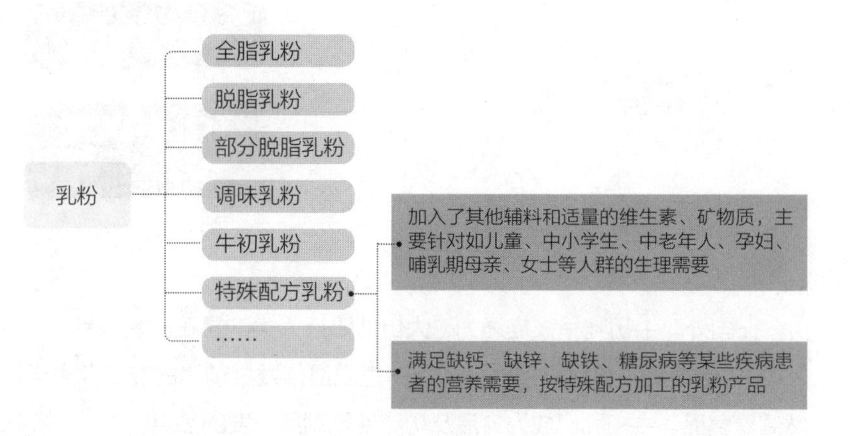

40. 什么是牛初乳粉?

牛初乳是从正常饲养的、无传染病和乳房炎的健康母牛分娩后72小时内所挤出的乳汁。

标准小贴士

中国乳制品行业规范RHB 602—2005《牛初乳粉》中规定牛初乳粉就是以牛初乳为原料，经杀菌、离心脱脂、低温干燥等工艺制成的浅黄色或乳黄色，具有牛初乳特有的腥味和奶香味的，呈均匀一致的粉末状或细结晶状产品。

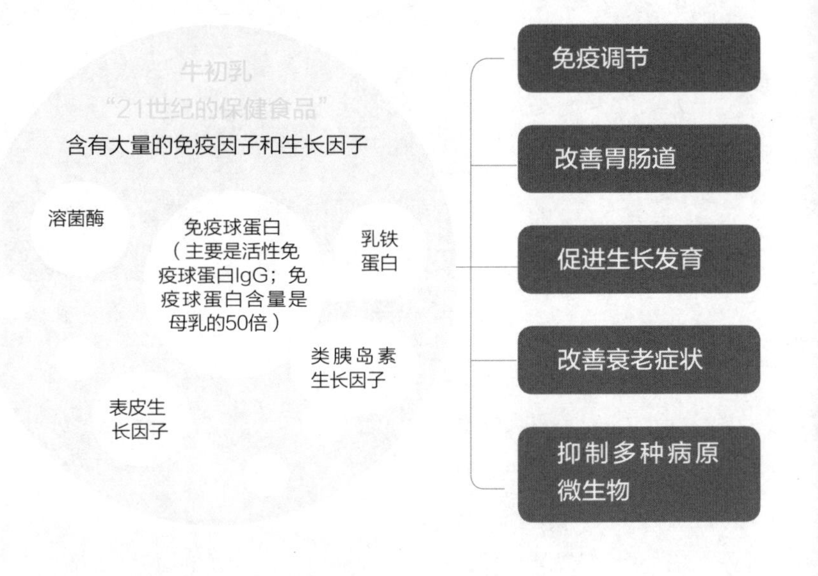

在国外，牛初乳早被描述为“大自然赐给人类的真正白金食品”，2000年更被美国食品科技协会列为21世纪最佳发展前景的非草药类天然健康食品。牛初乳已成为食品及功能性乳制品开发的热点。

41. 婴幼儿食品中为何不得添加牛初乳粉?

2012年4月，原卫生部就国家质检总局办公厅《关于进口牛初乳类产品适用标准问题的函》作出答复。原卫生部在复函中明确，自2012年9月1日起，婴幼儿配方食品中不得添加牛初乳以及用牛初乳为原料生产的乳制品。

该复函中指明，牛初乳是健康奶牛产犊后七日内的乳。有专家表示，牛初乳属于生理异常乳，其物理性质、成分与常乳差别很大，产量低，工业化收集较困难，质量不稳定，不适合用于加工婴幼儿配方食品。目前，国内外针对长期食用牛初乳对婴幼儿健康影响的科学研究较少，缺乏牛初乳作为婴幼儿配方食品原料的安全性资料。

用牛初乳为原料生产乳制品的，应当严格遵守相关法律法规规定，其产品应当符合相应的国家标准、行业标准、地方标准和企业标准。对牛初乳粉的检验，可参照RHB 602—2005《牛初乳粉》规范中的理化和卫生指标执行。

42.《婴幼儿乳粉生产许可审查细则》对奶粉企业做了哪些约束?

婴幼儿配方乳粉质量安全直接关系到下一代健康成长，关系到千万家庭。国家食品药品监督管理总局于2013年12月25日对外发布《婴幼儿配方乳粉生产许可审查细则（2013）》，在企业质量安全管理、原辅料把关等多个方面，进一步提高了婴幼儿配方乳粉生产条件要求。

（1）明确产品分段和生产工艺要求

针对婴幼儿配方乳粉分段混乱和生产工艺不明确的情况，新版细则明确婴幼儿配方乳粉分为婴儿配方乳粉（0~6月龄，1段）、较大婴儿配方乳粉（6月龄~12月龄，2段）和幼儿配方乳粉（12月龄~36月龄，3段）。

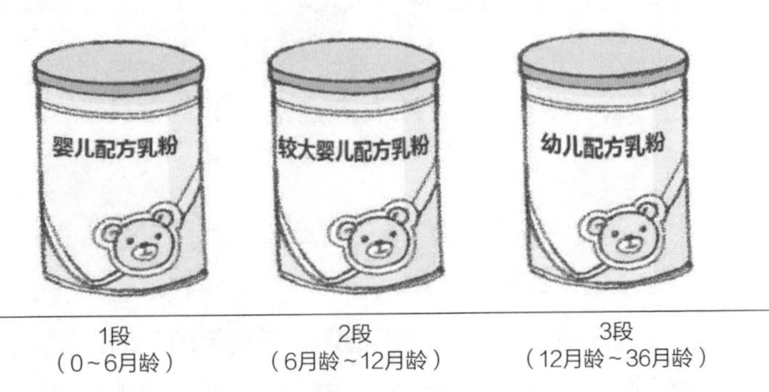

同时，为严格生产工艺的要求，新版细则规定了湿法工艺、干法工艺和干湿法复合工艺三种生产工艺的基本流程和审查要求。对企业采用干湿法复合工艺异地生产并已取得生产许可的情况，给予一定过渡期限进行工艺整改。这些举措将有助于提高婴幼儿配方乳粉产品质量，严控安全风险。

（2）加强原辅料把关

原辅料是婴幼儿配方乳粉安全的第一道关口。新版细则明确，主要原料为生牛乳的，其生牛乳应全部来自企业自建自控的奶源基地，并逐步做到生牛乳来自企业全资或控股建设的养殖场；主要原料为全脂、脱脂乳粉的，企业应对其原料质量采取严格的控制措施，应建立原料供应商审核制度，原料供应商相对固定并定期进行审核评估。

此外，细则明确了乳清粉和乳清蛋白粉、食用植物油、食品添加剂、包装材料和生产用水等质量安全要求，并要求企业对生乳、全脂和脱脂乳粉、乳清粉和乳清蛋白粉等实施批批检验措施，保障原料质量安全。

（3）乳粉配方需经论证

要兼顾婴幼儿配方乳粉安全和营养的需要，科学合理的配方至关重要。专家介绍，以营养成分含量为例，很多成分并不是越多越好，而是必须科学配比。

新版细则中增加了建立产品配方管理制度等内容，要求企业对产品配方应组织生产、营养、医学等专家，进行安全、营养等方面的综合论证，论证通过并经备案后，才能组织生产，确保其生产的产品质量安全，并满足婴幼儿安全、营养等需要。

细则同时强调，企业应具备自主研发机构和检验机构，配备相应的设备设施和专职人员，能够完成相应的研发和检验工作。除了研发新的婴幼儿配方乳粉产品之外，还要能够跟踪评价婴幼儿配方乳粉的营养和安全，研究生产过程中存在的风险因素，提出防范措施。

（4）全环节实现可追溯

新版细则要求，对婴幼儿配方乳粉生产的关键工序或关键点形成的信息建立电子信息记录系统。消费者应能够从企业网站查询到标签、外包装、质量标准、出厂检验报告等信息。企业要确保对产品从原料采购到最终产品及产品销售所有环节都可有效追溯和召回。同时，新版细则更要求企业建立消费者投诉处理机制，妥善处理消费者提出的意见和投诉。

43. 婴儿配方奶粉与母乳哪个营养价值高？

婴儿配方乳粉则是以牛（或羊）乳为主要原料，通过调整成分模拟母乳的婴儿配方食品。虽然也可以为婴儿提供生长发育所必需的营养物质，但就其成分来说仍与人乳存在着较大的差异。大量研究表明，采用婴儿配方乳粉喂哺的婴儿与母乳喂养的婴儿相比，体格发育几乎差不多，但智力发育明显不同。母乳是一种复杂的生物学体系，含有数以百计的成分，能为婴儿提供最佳的营养来源。到目前为止，我们对母乳中的一些微量的生物活性成分仍然没有弄清，婴儿配方乳粉母乳模拟化仍在进一步的探索和研究中。

母乳：清洁卫生、常备新鲜、温度适宜、随时哺喂、节省人力物力

母乳的优势	母乳的作用
最佳的优质蛋白,如乳白蛋白高达60% 脂肪酸(尤其含有丰富的不饱和脂肪酸)比例适宜	尤其对体弱儿和早产儿适宜,母乳中特殊的脂肪酶有助于缓解婴儿的脂肪性消化不良。 母乳不仅含有比例适合的蛋白质和脂肪等,而且在胃内所形成的凝块较小,易于婴儿消化
乳糖含量丰富	能抵制大肠杆菌的增殖,促进肠内乳酸杆菌繁殖,利于维护婴儿肠道的正常功能
提供免疫球蛋白、免疫活性分子及免疫细胞等物质	兼有增强抵抗力和抗过敏作用,母乳喂养的婴儿较少发生腹泻、呼吸及皮肤感染等
锌含量以初乳最丰富(20毫克/升),3~6个月母乳含锌量为2毫克/升~3毫克/升,6月后为1毫克/升~2毫克/升	母乳喂养的婴儿很少有锌缺乏症,有利于生长发育和智商发育
除了必需氨基酸、必需脂肪酸外,母乳中还含有无机盐、胆固醇、牛磺酸等	均是大脑发育必需的物质基础

母乳是任何代乳品所无法替代的，是婴儿最佳的食物。

44. 奶粉里能有肉毒杆菌吗?

新西兰恒天然奶粉因为肉毒杆菌污染问题而广受关注。2012年8月3日国家质检总局发布公告称，恒天然乳粉检出肉毒杆菌，紧急召回2012年5月生产的所有可能污染产品。那么肉毒杆菌到底是什么？为什么奶粉里会有？我们的国家标准怎么规定的？国际上怎么管理的?

2013年8月2日新西兰乳制品巨头恒天然集团向新西兰政府通报称，其生产的3个批次浓缩乳清蛋白（WPC80）中检出肉毒杆菌，影响包括3个中国企业在内的8家客户。国家质检总局官网当晚就发布消息，要求进口商立即召回可能受污染产品。

3日晚间，恒天然再次发布声明称，此次质量事件涉及的是其销售给其他食品公司用于生产消费类产品的商业乳品原料，而恒天然自有的消费品牌产品均不在此次质量事件的影响范围之列。

肉毒杆菌的全名叫肉毒梭状杆菌（也叫肉毒梭菌），是自然界广泛存在的一种细菌，比如土壤、动物粪便中经常可以见到它。它们可以随着空气中漂浮的灰尘、小液滴飘散到四面八方。任何食品的生产环境都不可能无菌，各种微生物都在想方设法渗透进来。奶粉中的肉毒杆菌也很可能是乘着空气中的小颗粒物飞入生产管线，恰巧又逃过了定期消毒程序的清理。

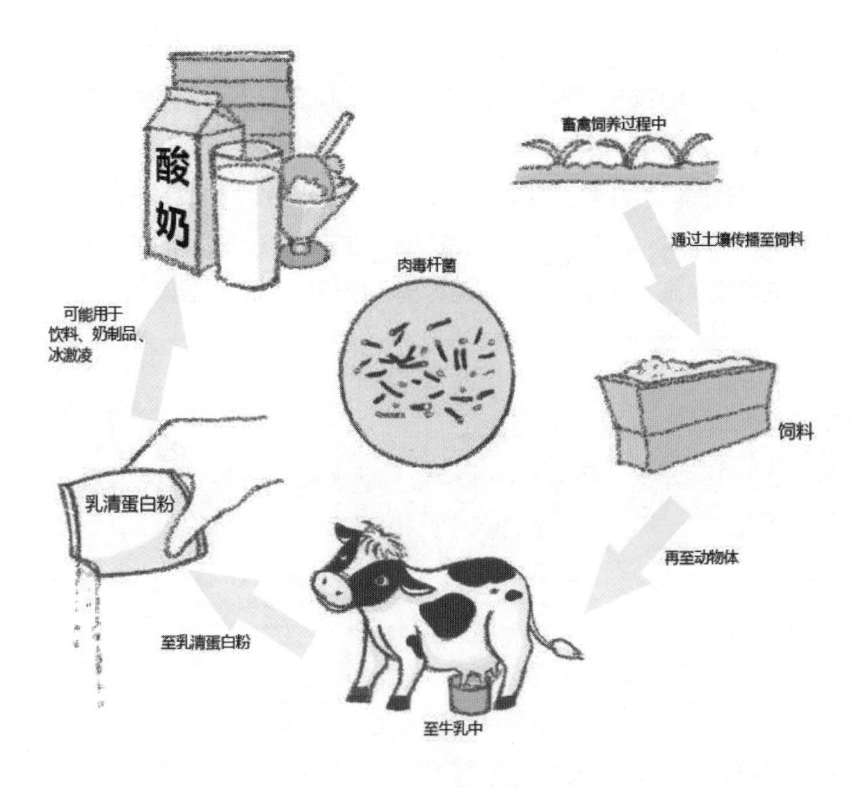

国际食品微生物风险评估专家委员会曾于2004年、2006年和2008年先后对婴儿配方粉和较大婴儿配方粉中的微生物危害进行了3次风险评估专家会议，但根据当时各国的流行病学资料、产品中病原菌的污染资料以及国际食品贸易争端或食品召回的资料，微生物危害均集中在阪崎肠杆菌、沙门氏菌，而未涉及肉毒杆菌。另外企业在生产过程中的质量控制能有效地发现问题，提供更安全的保障，这也符合科学的食品安全管理理念。因此，目前为止国际乳品标准中未规定肉毒杆菌的限量标准，我国的乳品标准或者婴幼儿配方食品标准也无相关规定。

以GB 10765—2010《食品安全国家标准　婴幼儿配方食品》为例，它对产品中的金黄色葡萄球菌、阪崎肠杆菌、沙门氏菌有限量规定，没有提肉毒杆菌。但实际上GB 12693—2010《食品安全国家标准　乳制品良好生产规范》对设备设施、生产环境、人流、物流等都有很多管理措施，尽管不针对肉毒杆菌，但却能够很大程度上降低污染风险。

GB
中华人民共和国国家标准
GB 10765—2010
食品安全国家标准
婴儿配方食品
National food safety standard
Infant formula
2010-03-26 发布　　2011-04-01 实施
中华人民共和国卫生部　发布

GB
中华人民共和国国家标准
GB 12693—2010
食品安全国家标准
乳制品良好生产规范
National food safety standard
Good manufacturing practice for milk products
2010-03-26 发布　　2010-12-01 实施
中华人民共和国卫生部　发布

45. 为什么奶粉等乳制品里面有反式脂肪？奶粉中的反式脂肪会不会对婴儿产生危害？

因为牛是反刍动物，在它的胃里有很多细菌参与消化过程，会发酵产生反式脂肪。这些反式脂肪会进入牛的体内，所以牛奶中会含有少量反式脂肪。

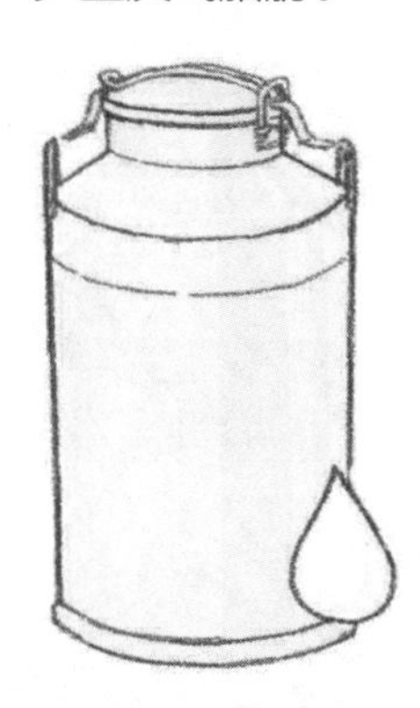

牛奶中会含有少量反式脂肪，
大约占到总脂肪的 **2%～5%**

有关规定要求婴儿配方奶粉中
反式脂肪酸占总脂肪酸的比例应
低于3%
这个规定与国际和其他国家是一致的。

实验室检测数据显示：

类型	反式脂肪平均含量
奶粉	0.26克/100克
液态奶	0.08克/100毫升
酸奶	0.07克/100克

权威发布

按照《婴幼儿配方乳粉生产许可审查细则（2013版）》的要求，婴儿配方奶粉不允许使用氢化油脂，但由于奶中天然存在少量反式脂肪，所以有关规定要求婴儿配方奶粉中反式脂肪酸占总脂肪酸的比例应低于3%。这个规定与国际和其他国家是一致的。符合国家标准的产品既可以满足营养需求，也不会对婴儿产生危害。

46. 应该如何鉴别奶粉？

GB 19644—2010《食品安全国家标准　乳粉》中规定乳粉的感官要求应符合下表的规定。

乳粉的感官指标

项目	乳粉	调制乳粉
色泽	呈均匀一致的乳黄色	具有应有的色泽
滋味、气味	具有纯正的乳香味	具有应有的滋味、气味
组织状态	干燥均匀的粉末	

结合以上要求，乳粉的鉴别主要有以下几种方法：

“一看”

一方面看乳粉标签。

产品标签印刷的图案、文字应清晰。

文字说明中有关产品和生产企业的信息标注应齐全。

看产品说明，无论是罐装乳粉或袋装乳粉，其包装上都会有配方、执行标准、适用对象、食用方法等必要的文字说明。

查看乳粉的生产日期和保质期限。一般罐装乳粉的生产日期和保质期限分别标示在罐体或罐底上，袋装乳粉则分别标示在袋的侧面或封口处，消费者据此可以判断该产品是否在安全食用期内。

一看

另一方面就是色泽鉴别。

良质乳粉色泽均匀一致，呈天然乳黄色；劣质奶粉颜色较白，细看呈结晶状，并有光泽，或呈漂白色。

“二压”——挤压一下乳粉的包装，看是否漏气

由于包装材料的差别，罐装乳粉密封性能较好，能有效遏制各种细菌生长，而袋装乳粉阻气性能较差。在选购袋装乳粉时，双手挤压一下，如果漏气、漏粉或袋内根本没气，说明该袋乳粉已潜伏质量问题，不要购买。

“三摇（捏）”——通过摇（捏），检查乳粉中是否有块状物

一般可通过罐装奶粉上盖的透明胶片观察罐内乳粉，摇动罐体观察，乳粉中若有结块，则证明有产品质量问题。袋装乳粉的鉴别方法是用手去触捏，如手感松软平滑且有流动感，则为合格产品，如手感凹凸不平，并有不规则大小块状物，则该产品为变质产品。

“四闻”——通过闻奶香来判断乳粉的质量好坏

良质乳粉有牛奶特有的奶香味；劣质乳粉甚微或没有乳香味。

47. 洋奶粉就一定好吗?

近年来，国内奶制品企业技术水平提高很快，奶粉中的营养成分也越来越科学，企业也在不断地开发新产品以满足消费者的需要，特别是添加氨基酸、DHA的奶粉受到企业的重视。在某些方面，国产奶粉已不逊于进口奶粉，那么国产奶粉与进口奶粉是否还存在差别？差别在哪里？

国产奶粉PK洋奶粉

		国产奶粉
生产工艺		分为干法和湿法两种。我国大中型生产配方奶粉的企业近几年的自动化水平、产品质量、产品速溶效果已赶上国际先进水平
产品定价		根据国情、人民生活水平与各类食品的比价，开始时由国家统一定价延续下来，所以国产奶粉一直价格就低，目前仍没跳出国家计划经济的价格法则
质量标准	脂肪	采用部分植物性脂肪取代部分动物性脂肪
	蛋白质	奶粉配方蛋白质最大值为3.13克/100千卡，最低值为2.37克/100千卡
	碳水化合物	奶粉配方碳水化合物为乳糖和低聚果糖
	矿物质、微量元素以及维生素	奶粉配方强化铁
原料		所用的鲜牛奶是在中国地理环境下喂养的奶牛所产的牛奶，所用其他原材料也都是经过严格选择的，不存在疯牛病等不安全隐患，消费者可以放心饮用

洋奶粉（以美国奶粉为例）
分为干法和湿法两种。就湿法而言，国外生产企业规模较大，自动化水平较高，产品质量较稳定，速溶效果较好，灌装产品采用充氮包装，保质期较长
除制造成本外，销售费用、运输费用、异地开启市场费用和关税也算在产品中
美国奶粉配方采用植物性脂肪全部取代动物性脂肪
美国奶粉配方蛋白质最大值为4.5克/100千卡，最小值是1.8克/100千卡
美国奶粉配方碳水化合物采用乳糖、蔗糖、谷物糖浆、麦芽糊精、葡萄糖和低聚果糖以及食用淀粉
美国奶粉配方中3个月以前的婴儿不推荐强化铁

在选择奶粉时还不能忽略以下因素：

- 地域
- 民族
- 环境
- 膳食结构
- 生活习惯

这些因素决定了人们从外界摄取营养元素的多样性和复杂性，而产生各自民族独特的饮食文化。

48. 如何选购原装进口奶粉?

（1）奶粉罐体上要有明确产地及当地生产商的标示。

（2）奶粉罐体上要印有出口商名称和地址。

（3）对于原装进口奶粉来讲，由中国出入境检验检疫部门颁发的卫生证书是必不可少的，这说明此批进口产品是合格的并且是符合中国婴幼儿奶粉的现行执行标准的。

（4）条形码是识别进口奶粉的另一个重要信息。条形码其实就像商品的身份证。一般来讲，中国的产地编码是690~695，690~692开头的都是中国产的商品，693开头的是国内分装的产品。所以很简单地就可以区分出这个商品是否为真正的原装进口。比如康维多奶粉的条形码是以87开头，表明它是荷兰原装进口。

奶源好的地方
荷兰
瑞士
新西兰
德国
法国
澳大利亚

乳业加工工艺顶尖技术
荷兰
瑞士
德国

世界各地条形码代表国家或地区及其在中国的品牌

条形码前几位	代表国家或地区	在中国的品牌
690～693	中国	多美滋（产地上海，海英特尔营养乳品公司出品）、雀巢（瑞士雀巢在黑龙江双城设厂生产）、味全（北京味全食品有限公司出品制造，优+系列是台湾过来）、圣元、南山、雅士利、贝因美等
87	荷兰	荷兰美智宝（荷兰百年婴幼儿企业，首次登陆中国，产品有奶粉、有机米粉、有机果泥，品质上乘）、美素
489	中国香港	
471	中国台湾	味全
880	韩国	海王、万朝（韩国品牌，有奶粉和米粉）
94	新西兰	
45～49	日本	明治（由日本明治乳业株式会社出品制造）、森永（日本森永制药生产）
50	英国	
00～13	美国和加拿大	雅培（美国雅培制药，有香港雅培）、惠氏（美国）、美赞臣（美国美赞臣大药厂在广州设厂生产）
93	澳大利亚	
30～37	法国	
400～440	德国	
460～469	俄罗斯	
76	瑞士	
622	埃及	
80～83	意大利	
888	新加坡	
890	印度	
90～91	奥地利	恩贝尔（产地新西兰印度分装）
955	马来西亚	

注：为方便说明，此处列出品牌，读者可自行选择认为品质良好的的奶粉。

纯进口奶粉，由于不在国内进行任何加工，因此执行出入境检验检疫标准，外包装加注激光防伪“CIQ”标志（“CIQ”即“中国检验检疫”的英文缩写），标志由CIQ的大写英文字母及中文“中国检验检疫”组成。

另外，可能许多人不知道，4岁以下的儿童食品和专用于孕妇的食品是属于特殊营养食品的。根据国家质量监督检验检疫总局有关规定，进口食品标签必须为正式中文标签，并用中文标识将几乎所有规定的营养成分一一罗列的。同时,合格的进口食品都必须具有由出入境检验检疫部门出具的“进口食品卫生证书”，这是国家的规定！所以原装进口的奶粉一定是中文包装的。误以为原装进口一定是外文包装是人们一直以来消费的误区！

49. 如何选购国内分装奶粉？

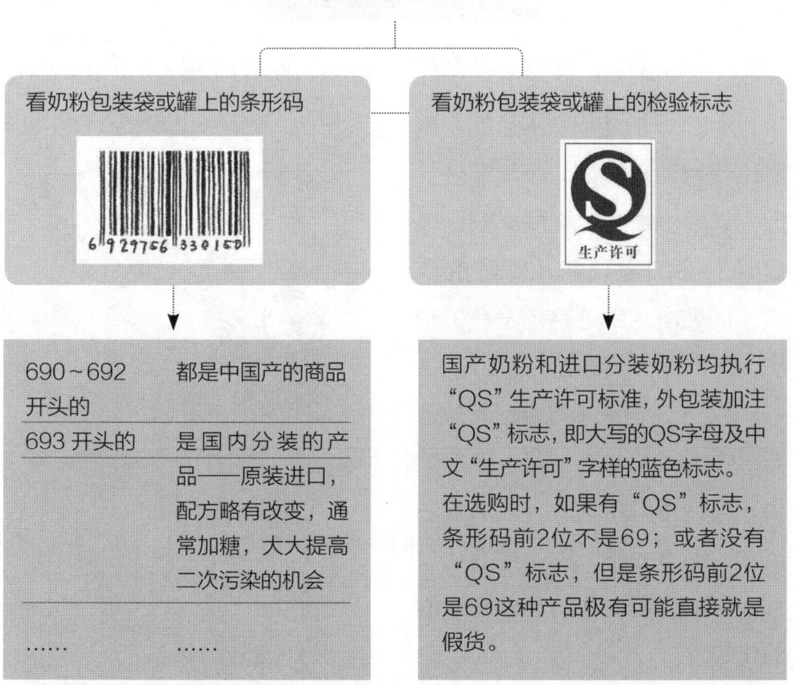

值得注意的是：实际上条码的前几位只是表示条码注册地,并不表示产地。有些国外的品牌委托国内的生产企业直接在包装上打上国外的条码，又或者有的公司在国外注册一个品牌在国内使用，这种情况虽然在国内生产但使用的仍然是国外的条码。所以通过条码来判断产地是哪里是不准确的，还是要根据商品上的其他标志来综合判断。

小知识链接：根据国家质量监督检验检疫总局《关于使用企业食品生产许可证标志有关事项的公告》（国家质检总局2010年第34号公告），企业食品生产许可证标志以“企业食品生产许可”的拼音“Qiyeshipin Shengchanxuke”的缩写“QS”表示，并标注“生产许可”中文字样。

50. 如何科学冲调奶粉?

一般婴幼儿奶粉都有冲调说明书，在给宝宝冲调奶粉的时候，您是否是照着说明书冲调的?

冲调奶粉要注意的主要有三点：用水，温度，用量。

（1）一般使用煮沸后的自来水比使用矿泉水、纯净水要好。因为矿泉水中的矿物质成分比较复杂，会加重婴幼儿肾脏的负担。而纯净水中则完全没有矿物质，这也不利于婴幼儿的发育。

（2）将自来水煮沸后，放凉至40℃~60℃左右即可。温度太高，会使得奶粉结块，乳清蛋白沉淀；温度太低，则不易泡化，都会影响到婴幼儿对营养物质的消化吸收。

（3）冲调时添加奶粉要适量。添加太少，蛋白质含量不够，会导致婴幼儿营养不良；添加太多，会增加胃和肾脏的负担，可能会引起婴儿腹泻。

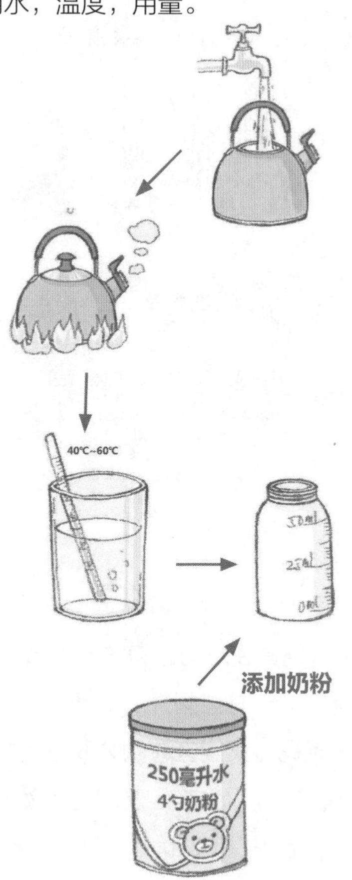

因此，在冲调奶粉时要仔细阅读说明书，按照给定的配比给孩子冲调奶粉，不做马虎的家长。

51．如何科学储存奶粉？

对于新生儿来说，母乳是最营养、最安全的食品。但很多家庭却因为各种原因，给宝宝食用配方奶粉。众所周知，奶粉的品质关乎宝宝的健康，然而如何正确储存奶粉也是很重要的。奶粉在储存过程中易受外界环境的影响，如光线、空气、温度、湿度、卫生状况等。那么，奶粉应该怎样储存呢？

奶粉开封后的保存

①奶粉开封后不宜存放于冰箱中。冰箱内外的温差和湿度有差别，加上频繁地取放，很容易造成奶粉潮解、结块和变质。应将奶粉放在室内避光、清洁、干燥、阴凉的环境中，并尽量在奶粉开封后一个月内食用完。

②罐装奶粉，每次开罐使用后务必盖紧塑料盖。袋装奶粉，每次使用后要扎紧袋口。为便于保存和取用奶粉，袋装奶粉开封后，最好存放于洁净的奶粉罐内，奶粉罐使用前应用清洁、干燥的棉巾擦拭，勿用水洗，否则容易生锈。

③奶粉在规定的使用日期内也可能结块。正常奶粉应该松散柔软。开封后的奶粉可能由于空气中的水分进入，或者在奶粉使用过程中，不可避免带入少量的水滴等原因，使奶粉受潮吸湿，容易发生结块。如果结块一捏就碎，这种奶粉质量变化不大。但是，如果结块较大、坚硬，说明奶粉质量已坏，应停止使用。

奶粉冲调后的保存

①尽可能现调现喝。如果一次冲调数瓶奶水，一定要将冲调好的奶水加上盖子立刻放入冰箱内贮存，并应于24小时内用完。

②喝剩下的奶水，无论剩余多少，1小时内必须倒掉。

③不要用微波炉热奶，以免局部过热的奶水烫伤婴儿口腔。

此外，配制奶粉时，双手应干燥，避免带水珠入奶粉中，这样可保证奶粉保存时间更长。

小知识：双酚A的塑料奶瓶是否安全?

双酚A(4，4′-二羟基二苯基丙烷，又称BPA)是聚碳酸酯、环氧树脂等多种高分子材料的原料，这些高分子材料被广泛用于生产化工产品和食品相关产品，如食品包装材料及容器。双酚A可通过食品包装材料及容器迁移至食品中，具有潜在食品安全风险。科学研究表明，食品相关产品中迁移的双酚A极其微量，尚未发现双酚A对人体健康产生不良影响。

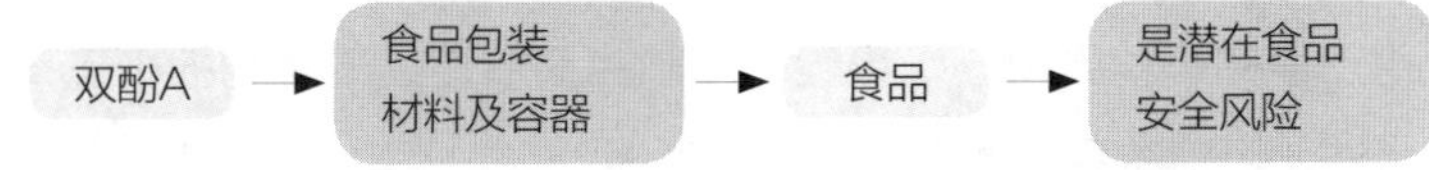

原卫生部拟禁止双酚 A 用于婴幼儿食品容器。根据原卫生部办公厅《关于征求禁止双酚 A 用于婴幼儿食品用容器公告意见的函》，拟自2011年6月1日起，禁止双酚 A 用于婴幼儿食品容器生产和进口；自2011年9月1日起，禁止销售含双酚 A 的婴幼儿食品容器。

据悉，双酚A具有潜在健康危害，部分国家采取了严格的管理措施。如美国部分州禁止含双酚A的材料用于婴幼儿食品包装容器。加拿大政府已禁止婴幼儿食品包装材料中使用双酚A，并在2010年将双酚A列入毒性化学品条例中。自2011年 3 月1日起，欧盟成员国禁止使用含双酚 A 的塑料生产婴儿奶瓶，并从6月1日起禁止进口此类塑料婴儿奶瓶。

小知识：如何选购奶嘴?

奶嘴是奶瓶的重要组成，决定了宝宝会不会接受这个奶瓶。目前市场上的奶嘴大多用硅胶制成，也有一部分用橡胶制成，相比之下，硅胶奶嘴更接近母亲的乳头，软硬适中，且可促进宝宝唾液分泌，帮助上下颚、脸部肌肉的发育，孩子比较容易接受。

根据孩子的年龄来选择奶嘴

○ 圆孔的奶嘴适合刚出生的婴儿，奶水能够自动流出，且流量较少。

+ 十字孔奶嘴适合3个月以上的孩子，能够根据孩子吸吮力量调节奶量，流量较大。

Y Y字孔适合3个月以上的孩子，奶流量比较稳定，且Y字孔不像十字孔那么容易断裂。

— 一字型孔奶嘴适合6个月及6个月以上的宝宝使用，主要用于吸饮除牛奶、配方奶之外的其他粗颗粒饮品，如果汁、米糊、麦片等。

家长还需要经常检查宝宝用的奶嘴（至少要每两三个月查一次），以下情况说明应该给宝宝换奶嘴了：

——母乳或配方奶一股股地从奶嘴里流出来。正常情况下，奶应该是慢慢地从奶嘴里滴出来，如果流得很快，说明奶嘴孔太大了，应该更换。

——奶嘴变色。这可能说明奶嘴老化了。

——奶嘴变薄。这说明奶嘴开始不结实了。检查奶嘴强度的方法是，用力拽奶嘴头。好奶嘴应该弹回原状，如果没有弹回，就不该再用了。

——奶嘴发黏或膨胀。这也有可能是奶嘴老化造成的。

——奶嘴有裂缝、破损。万一碎片掉了，有可能让宝宝窒息。

小知识：如何选购奶瓶？

奶瓶分为瓶身和奶嘴两个部分，瓶身是外包装，奶嘴是内涵。

奶瓶材质

玻璃类 ▶

① 最安全的材质
② 非常适合新生儿
③ 耐高温
④ 内壁光滑易清洗
⑤ 不易老化
⑥ 易碎

塑料类

PC（聚碳酯，也称聚碳纤维）
PC制作的奶瓶最高只能承受100℃的温度，容易出现老化现象。普通的PC奶瓶在高温加热时，容易释放出双酚A。在医学上，双酚A被认为会导致孩子性早熟。如今市场正在逐渐淘汰这种材质的奶瓶。

PP（聚丙烯）
PP是一种如今比较常见的奶瓶材质，其色泽虽然没有PC那么通透，但PP这种材质不含双酚A，其耐热性可达到120℃。

PES（聚醚砜树脂）
PES不含双酚A，是目前奶瓶市场上最能耐高温的塑料，耐热温度高达180℃。

PPSU（聚苯砜树脂）
PPSU不含双酚A，与PES一样，均是目前奶瓶市场上最能耐高温的塑料，耐热温度高达180℃。PPSU与PES的寿命更长，安全性更高，但价格也更高。

此外，还要察看奶嘴的基部。宝宝在吸吮的时候，嘴唇会抵住奶嘴的基部，为此，这一部位的设计也将直接影响宝宝的接受度。目前市场上推出了一种宽口径的奶瓶，这种奶瓶是根据母亲的乳房来设计的，柔软且宽度大的基部近似于母亲的乳房，宝宝吸吮时如同顶住了母亲的乳房。

五、香醇味美各千秋

——其他乳制品质量安全知识

52. 炼乳的质量要求有哪些？炼乳有哪些种类？

炼乳是将牛乳浓缩到一定浓度的一种乳制品饮料。它是以牛乳为主料，添加或不添加白砂糖，经浓缩制成的黏稠状液体产品。

GB 13102—2010《食品安全国家标准 炼乳》中规定：

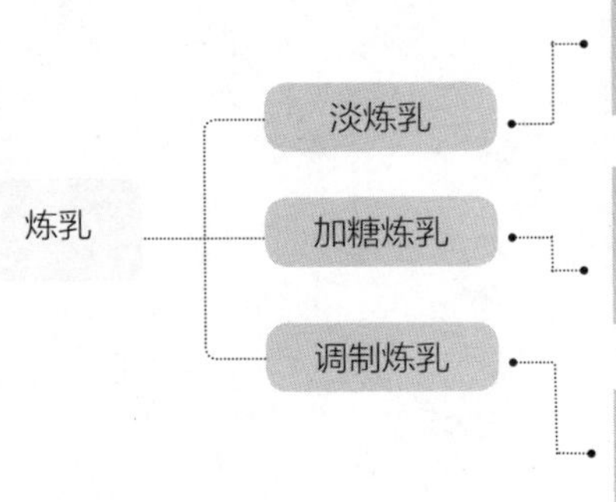

淡炼乳：以生乳和(或)乳制品为原料，添加或不添加食品添加剂和营养强化剂，经加工制成的粘稠状产品。

加糖炼乳：以生乳和(或)乳制品、食糖为原料，添加或不添加食品添加剂和营养强化剂，经加工制成的粘稠状产品。

调制炼乳：以生乳和(或)乳制品为主料，添加或不添加食糖、食品添加剂和营养强化剂，添加辅料，经加工制成的粘稠状产品。

炼乳的理化指标

项目		淡炼乳	加糖炼乳	调制乳粉	
				调制淡炼乳	调制加糖炼乳
蛋白质/(g/100g)	≥	非脂乳固体[a]的34%		4.1	4.6
脂肪（X）/(g/100g)		$7.5 \leq X < 15.0$		$X \geq 7.5$	$X \geq 8.0$
乳固体[b]/(g/100g)	≥	25.0	28.0	-	-
蔗糖/(g/100g)	≤	-	45.0	-	48.0
水分/(%)	≤	-	27.0	-	28.0
酸度/(°T)	≤	48.0			

[a] 非脂乳固体(%)＝100(%)－脂肪(%)－水分(%)－蔗糖(%)。

[b] 乳固体(%)＝100(%)－水分(%)－蔗糖(%)。

炼乳的主要特点是保存性佳、使用方便，且体积因浓缩而减少，运输和贮藏费用大大降低，因而炼乳最初是以一种耐贮藏制品的形式出现的，后来炼乳的使用范围逐渐广泛起来，例如它常作为鲜奶的廉价替代品用于冲饮红茶或咖啡，在食用罐头水果和一些甜点时炼乳也常作为一种浇蘸用的辅料。

市场上常见的有加糖炼乳、淡炼乳、强化炼乳、调味炼乳等。

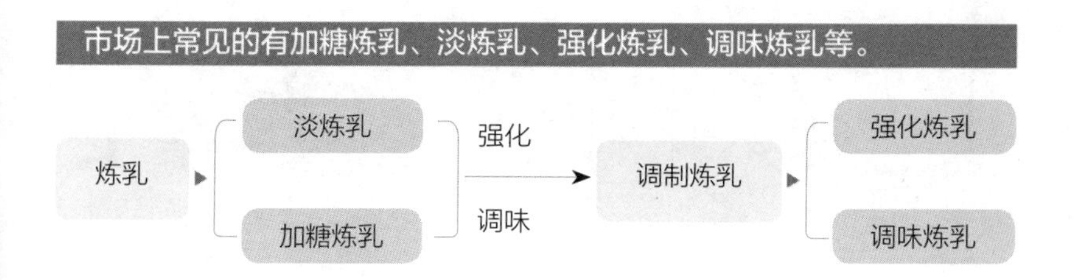

淡炼乳与加糖炼乳的区别

项目	淡炼乳（无糖炼乳）	加糖炼乳（甜炼乳）
工艺	是鲜牛乳经标准化、预热等处理后，浓缩至原体积的1/2.5～1/2.2的产品，通常罐装成小听后在高压锅或卧式杀菌器中加热杀菌	基本上是原料乳中加了17%糖后，经杀菌、浓缩至原质量38%左右的产品
外观	外观呈稀奶油状	外观色黄且看上去类似蛋黄浆，呈流动性
用途	有良好的消化性，除可直接冲饮外，还可用于菜肴的烹饪	加糖炼乳具有均匀的流动性，可作为饮料及食品加工的原料
营养	经过高温灭菌处理后，维生素会受到损失，经过强化补充，加适量水调稀后其营养价值与鲜奶几乎相同	因为含糖量太高，食用前需要大量水分稀释，造成蛋白质等营养成分含量降低，与鲜奶相比差别较大

53. 炼乳是否可以代替牛奶？婴幼儿能饮用炼乳吗？

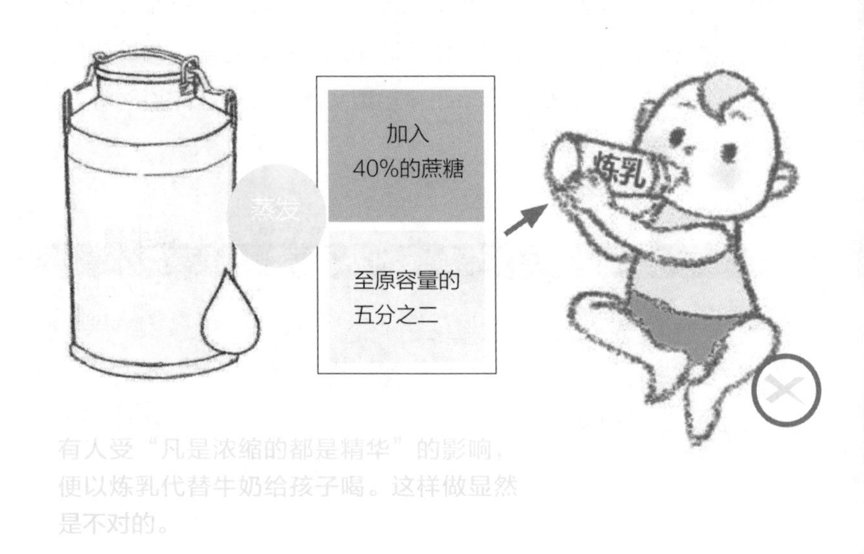

GB 13102—2010《食品安全国家标准　炼乳》中特别提出，炼乳应在产品标签上标示“本品不能作为婴幼儿的母乳代用品”，主要原因是炼乳太甜，必须加5倍～8倍的水来稀释。

但当甜味符合要求时，往往蛋白质和脂肪的浓度就比新鲜牛奶下降了一半，如果喂食婴幼儿当然不能满足他们生长发育的需要，还会造成他们体重不增、面色苍白、容易生病等。如果在炼乳中加入水，使蛋白质和脂肪的浓度接近新鲜牛奶，那么糖的含量又会偏高，用这样的“奶”喂孩子，也容易引起小儿腹泻。另外，如果孩子习惯了过甜的口味，会给以后添加辅食带来困难。因此，炼乳不可以代替牛奶。

64. 奶油的质量要求有哪些？如何选购奶油？

奶油（butter）又称黄油，GB 19646—2010《食品安全国家标准　稀奶油、奶油和无水奶油》中规定：

奶油（黄油）是以乳和(或)稀奶油（经发酵或不发酵）为原料，添加或不添加其他原料、食品添加剂和营养强化剂，经加工制成的脂肪含量不小于80.0%产品。

稀奶油、奶油和无水奶油的理化指标

项目		稀奶油	奶油（黄油）	无水奶油（无水黄油）
水分/%	≤	–	16.0	0.1
脂肪[a]/%	≥	10.0	80.0	99.8
酸度[b]/(°T)	≤	30.0	20.0	–
非脂乳固体[c]/%	≤	–	2.0	–

[a] 无水奶油的脂肪（%）=100(%)-水分（%）。
[b] 不适用于以发酵稀奶油为原料的产品。
[c] 非脂乳固体(%) = 100(%) – 脂肪(%) – 水分(%)（含奶油还应减去食盐含量）。

稀奶油、奶油（黄油）和无水奶油（无水黄油）这三种产品主要通过脂肪含量来鉴别和区分。

奶油和无水奶油均为从新鲜牛奶炼乳中提炼，为高质量纯奶油脂肪，而且不含任何添加剂色素；适用于巧克力、面包类及糖果制品，冰淇淋，饮料，甜品，汤及调味汁，或与脱脂奶粉混合。稀奶油平时可用来添加于咖啡和茶中，也可用来制作甜点和糖果。

CFU（Colony-Forming Units），即菌落形成单位，指单位体积中的活菌个数，是在活菌培养计数时，由单个菌体或聚集成团的多个菌体在固体培养基上生长繁殖所形成的集落，以其表达活菌的数量。

区别

项目	奶油（黄油）（butter）	稀奶油（cream）	无水奶油（无水黄油）
原料	是以乳和(或)稀奶油（经发酵或不发酵）为原料	以乳为原料，分离出的含脂肪的部分	以乳和(或)奶油或稀奶油（经发酵或不发酵）为原料
添加剂	添加或不添加其他原料、食品添加剂和营养强化剂	添加或不添加其他原料、食品添加剂和营养强化剂	添加或不添加食品添加剂和营养强化剂
脂肪含量	不小于80.0%	10.0%~80.0%	不小于99.8%

鉴定

鉴别项目	良质品	劣质品
色泽	呈均匀一致的淡黄色乳白色或乳黄色，有光泽	色泽不匀，表面有霉斑，甚至深部发生霉变，外表面浸水
组织状态	组织均匀紧密，稠度、弹性和延展性适宜，切面无水珠，边缘与中心部位均匀一致	组织不均匀，黏软、发腻、黏刀或脆硬疏松且无延展性，切面有大水珠，呈白浊色，有较大的孔隙及风干现象
气味	具有奶油固有的纯正香味，无其他异味	有明显的异味，如鱼腥味、酸败味、霉变味、椰子味等
滋味	具有奶油独具的纯正滋味，无任何其他异味，加盐奶油有咸味，酸奶油有纯正的乳酸味	有明显的不愉快味道，如苦味、肥皂味，金属味等
外包装	包装完整、清洁、美观	不整齐、不完整或有破损现象

55. 人造奶油是真正的奶油吗？

市场上乳脂肪类乳制品主要有奶油（黄油）、稀奶油和无水奶油（无水黄油），细心的消费者要问了，还有一种“人造奶油”（人造黄油），它与奶油相同吗？

GB 15196—2003《人造奶油卫生标准》规定，人造奶油是以氢化后的食用植物油为原料，添加水和其他辅料，经乳化、急冷而制成的具有天然奶油特色的可塑性制品。

通过阅读配料表，我们可以更容易分辨出人造奶油和奶油之间的区别：

配料：菜籽油（芥花籽油）74%，水，酯化棕榈油，食用盐，单双甘油脂肪酸酯，大豆磷脂，山梨酸钾，食用香料，柠檬酸，维生素E，维生素A，维生素D，β-胡萝卜素

配料：稀奶油，水，食用盐

可以看出，人造奶油配料中无牛奶成分，不属于乳制品。人造奶油只是在口感上具有奶油特色，但根本与“奶”无关，其含有的氢化植物油脂就是大家所熟悉的“反式脂肪酸”。

（1）增加血液黏稠度和凝聚力，促进血栓形成。

（2）提高低密度脂蛋白,也就是“坏脂蛋白”，降低高密度脂蛋白,也就是“好脂蛋白”，促进动脉硬化。

长期食用反式脂肪酸
对人体的危害很大

（3）促进Ⅱ型糖尿病的发生。

（4）对婴幼儿来说，反式脂肪酸还会影响生长发育，并对中枢神经系统发育产生不良影响。

GB 28050—2011《食品安全国家标准　预包装食品营养标签通则》明确规定：食品配料含有或生产过程中使用了氢化和（或）部分氢化油脂时，在营养成分表中还应标示出反式脂肪（酸）的含量。

因此消费者购买食品时，可以查看乳制品或以牛乳为原料的加工食品的标签来减少或避免食用反式脂肪酸。

56. 奶酪的质量要求有哪些？奶酪都有哪些种类？

我们常说的奶酪主要分为干酪和再制干酪。

标准小贴士

根据GB 5420—2010《食品安全国家标准 干酪》，干酪是成熟或未成熟的软质、半硬质、硬质或特硬质、可有涂层的乳制品，其中乳清蛋白/酪蛋白的比例不超过牛奶中的相应比例。其微生物限量参见下表，污染物限量、真菌毒素限量以及食品添加剂和营养强化剂的质量及使用应符合相关标准的要求。

微生物限量

项目	采样方案[a]及限量（若非指定，均以CFU/g表示）			
	n	c	m	M
大肠菌群	5	2	100	1000
金黄色葡萄球群	5	2	100	1000
沙门氏菌	5	0	0/25g	-
单核细胞增生李斯特氏菌	5	0	0/25g	-
酵母[b] ≤	50			
菌群[b] ≤	50			

[a]样本的分析处理按GB 4789.1和GB 4789.18执行。
[b]不适用于霉菌乘数干酪。

干酪的分类

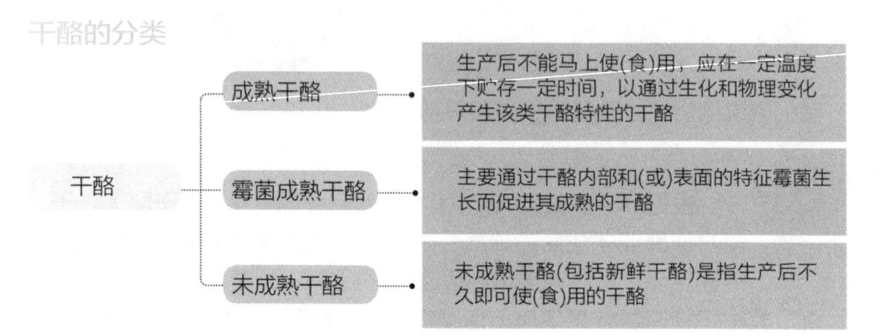

干酪的检验方法

取适量试样置于50mL烧杯中，在自然光下观察色泽和组织状态。闻其气味，用温开水漱口，品尝滋味。

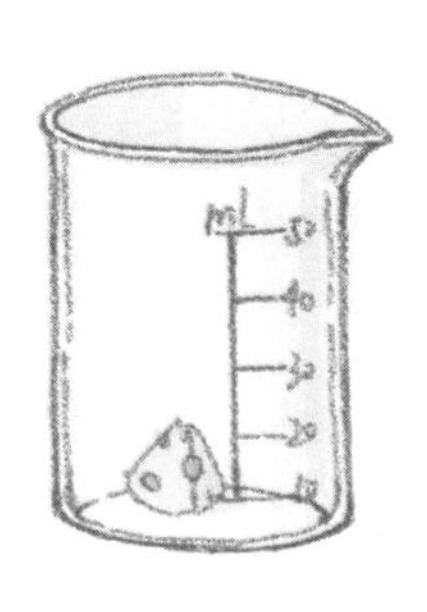

色泽和组织状态
——具有该类产品正常的色泽
——组织细腻，质地均匀，具有该类产品应有的硬度

滋味
——具有该类产品特有的滋味

气味
——具有该类产品特有的气味

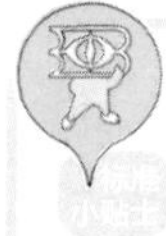

根据GB 25192—2010《食品安全国家标准 再制干酪》，再制干酪是以天然干酪（比例大于15%）为主要原料，加入乳化盐，添加或不添加其他原料，经加热、搅拌、乳化等工艺制成的产品。其理化指标及微生物限量参见下表，污染物限量、真菌毒素限量以及食品添加剂和营养强化剂的质量及使用应符合相关标准的要求。

理化指标

项目	指标				
脂肪（干物中）[a] (X_1)/%	$60.0 \leqslant X_1 \leqslant 75.0$	$45.0 \leqslant X_1 \leqslant 60.0$	$25.0 \leqslant X_1 \leqslant 45.0$	$10.0 \leqslant X_1 \leqslant 25.0$	$X_1 < 10.0$
最小干物质含量[b] (X_2)/%	44	41	31	29	25

[a]干物质中脂肪含量(%)：X_1 = [再制干酪脂肪质量/(再制干酪总质量−再制干酪水分质量）]×100%。
[b]干物质含量(%)：X_2=[（再制干酪总质量−再制干酪水分质量）]×100%。

微生物限量

项目	采样方案[a]及限量（若非指定，均以CFU/g表示）			
	n	*c*	*m*	*M*
菌群总数	5	2	100	1000
大肠菌群	5	2	100	1000
金黄色葡萄球菌	5	2	100	1000
沙门氏菌	5	0	0/25g	-
单核细胞增生李斯特氏菌	5	0	0/25g	-
酵母 ≤	50			
霉菌 ≤	50			

[a]样本的分析及处理按GB4789.1和GB4789.18执行。

再制干酪的检验方法

取适量试样置于50mL烧杯中，在自然光下观察色泽和组织状态。闻其气味，用温开水漱口，品尝滋味。

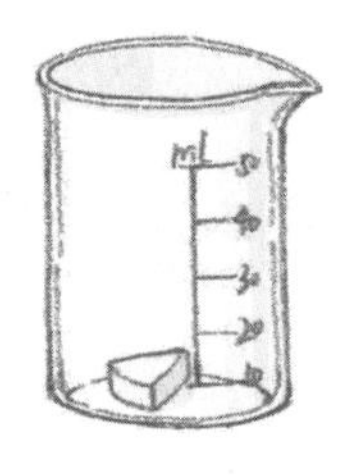

色泽和组织状态

——色泽均匀。

——外表光滑；结构细腻、均匀、润滑，应有与产品口味相关原料的可见颗粒。

——无正常视力可见的外来杂质

滋味

——易溶于口，有奶油润滑感，并有产品特有的滋味

气味

——有产品特有的气味

在我国市场上较为常见的是再制干酪。再制干酪的最大优点是经过热处理，延长了保质期，而且在保质期内对贮藏条件的要求不像天然干酪那么严格。除此之外，再制干酪可以利用天然干酪的边脚料生产，减少了工厂的损失。更重要的是，再制奶酪中可以添加各种风味料，产品口味丰富，状态和包装形式方便食用，因而在日本、韩国、中国等没有干酪消费传统的国家首先被接受。

目前在超市里最常见到的是片状奶酪，有六片装、八片装、十二片装等，这些奶酪都是属于再制奶酪，或者叫作重制奶酪。采用原制奶酪经过高温熔化，添加一些辅料，形成不同的口味和质地。色泽为奶黄色，比较柔软，食用方便，既可以夹在面包里吃，也可以单独吃。

57. 如何鉴别（选购）干酪？

根据GB 5420—2010《食品安全国家标准　干酪》中对干酪的感官要求(见第56题)，以下以硬质干酪为例介绍其鉴别办法。

鉴定

鉴别项目	良质品	劣质品
色泽	良质硬质干酪呈白色或淡黄色，有光泽。 次质硬质干酪色泽变黄或灰暗，无光泽。	呈暗灰色或褐色，表面有霉点或霉斑。
组织状态	外皮质地均匀，无裂缝、无损伤，无霉点及霉斑。切面组织细腻，湿润，软硬适度，有一定黏弹性和可塑性。	外表皮出现裂缝，切面干燥，有大气孔，组织状态呈碎粒状。
气味	除具有各种干酪特有的气味外，一般都香味浓郁。	具有明显的异味，如霉味、脂肪酸败味、腐败变质味等。
滋味	具有干酪固有的滋味。	具有异常的酸味或苦涩味。

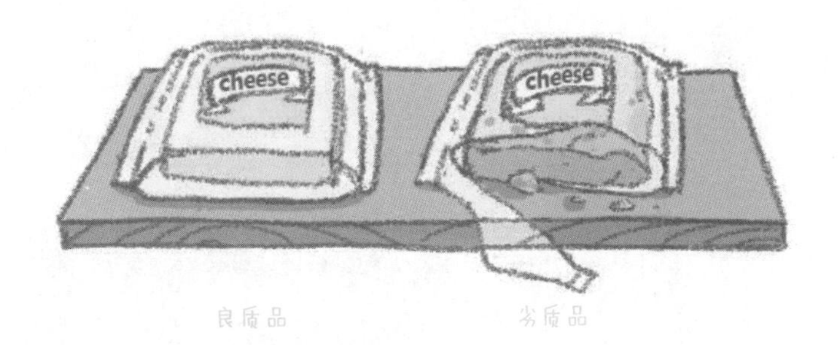

良质品　　劣质品

58. 什么是乳清粉和乳清蛋白粉?

乳清是脱脂乳经提取酪蛋白以制造干酪或干酪素后留下的溶液，其主要成分有乳糖、乳清蛋白、矿物质等，具有很高的营养价值，将乳清直接烘干后就得到了乳清粉。

标准小贴士

GB 11674—2010《食品安全国家标准　乳清粉和乳清蛋白粉》中规定，乳清粉是以乳清为原料经干燥制成的粉末状产品。乳清粉分为非脱盐乳清粉和脱盐乳清粉。非脱盐乳清粉是以乳清为原料，不经脱盐，经干燥制成的粉末状产品；脱盐乳清粉则是以乳清为原料，经脱盐、干燥制成的粉末状产品。乳清蛋白粉是以乳清为原料，经分离、浓缩、干燥等工艺制成的蛋白含量不低于25%的粉末状产品。

乳清粉和乳清蛋白粉的理化指标

项目		脱盐乳清粉	非脱盐乳清粉	乳清蛋白粉
蛋白质/（g/100g）	≥	10.0	7.0	25.0
灰分/（g/100g）	≤	3.0	15.0	9.0
乳糖/（g/100g）	≥	61.0		-
水分/（g/100g）	≤	5.0		6.0

根据加工方法和程度不同，乳清产品可归纳为：

- 甜性乳清粉产品：包括低、中、高蛋白乳清粉；
- 改性乳清粉产品：包括低乳糖乳清粉，脱盐乳清粉；
- 乳清浓缩蛋白（WPC）和乳清分离蛋白（WPI）。

乳清粉的主要功能包括：

- 高质量的蛋白质营养源；
- 具有高溶解性，利于产品的外观和组织；
- 与水结合，产生满意的黏度；
- 良好的胶凝性、乳化性、搅打性、起泡性和充气性等。

由于乳清制品具有的上述天然、营养、经济和多功能特性，已成为当今食品开发和应用领域的新宠，被广泛应用在食品工业中，如婴儿营养食品、焙烤食品、饮料、冷冻食品、糖果、肉制品、汤料等。

乳清蛋白粉的主要功能包括：

- 易消化吸收；
- 含有人体所需的所有必需氨基酸；
- 延缓人体衰老；
- 改善肠胃功能免疫系统，增强免疫力；
- 调节体内环境，增强机体抗疲劳能力；
- 加速机体修复等。

乳清蛋白粉以其纯度高、吸收率高、氨基酸组成最合理等诸多优势被推为“蛋白之王”，是健身爱好者、运动员、孕妇、儿童、手术康复者、易疲劳者、贫血、高血压及其他慢性病人的良好补充食品。

乳清蛋白粉

59. 奶糕、麦乳精为什么不宜作为婴儿主食？

市场上出售的奶糕（乳糕）一般多用米粉、面粉制作，主要成分为各类淀粉，蛋白质含量低，不能长期作为婴儿主食，否则将造成婴儿营养缺乏症。尤其对4个月以内的婴儿，更不宜作为母乳替代品，因为此时婴儿的唾液和淀粉酶分泌都很少，尚不能消化奶糕之类的淀粉食品。一般奶糕可作为4个月以上婴儿的辅食，代替米粥、面糊食用。

麦乳精，也常被家长当作营养品喂给婴儿。其实，它们所含糖量过高而蛋白质极低，只可视为甜饮料，绝不能作为人乳代用品，否则长期食用，会使婴儿生长缓慢，甚至造成营养不良。

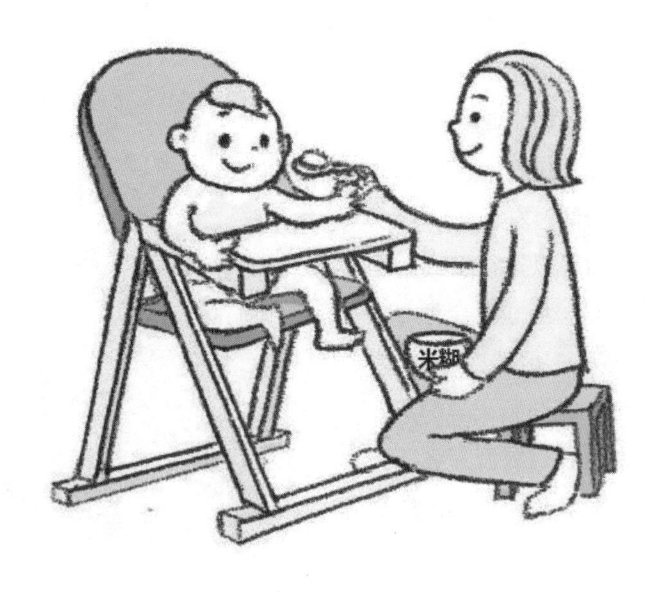

参考文献

[1] 李江华. 乳制品和婴幼儿食品知识问答.2版.北京：中国标准出版社，2011.

[2] 国家食品安全风险评估中心.食品安全100问.北京：中国人口出版社，2014.

[3] 全国食品工业标准化技术委员会秘书处.食品标签国家标准实施指南. 北京：中国标准出版社，2004.

[4] 国家质量监督检验检疫总局产品质量监督司.食品质量安全市场准入制度实用问答. 北京：中国标准出版社，2002.

[5] 国家质量监督检验检疫总局产品质量监督司.食品质量安全市场准入审查指南 食用植物油、其他粮食加工品、食用油脂制品、食用动物油脂、调味料、肉制品、乳制品、婴幼儿配方乳粉、婴幼儿及其他配方谷粉、饮料、方便食品、罐头食品分册（2006版）. 北京：中国标准出版社，2007.

[6] 赵宝玉.最新食品安全质量鉴别与国家检验标准全书. 北京：中国致公出版社，2002.

[7] 中国疾病预防控制中心营养与食品安全所.中国食物成分表2004.北京：北京大学医学出版社，2005.

[8] 董守红. 婴幼儿营养全书. 北京：中国人口出版社，2005.

[9] 于见亮，李开雄，贺家亮.牛乳中抗生素的残留及其控制对策. 中国食物与营养，2006，10：10-12.

[10]段成立.我国原奶及乳制品质量安全管理研究.中国农业科学院，2005.

[11] 张和平,张列兵. 现代乳品工业手册.北京：中国轻工业出版社，2005.

[12] 骆承庠.乳与乳制品工艺学.北京：中国农业出版社，1991.